国家自然科学基金青年科学基金项目(52204292)资助
博士后创新人才支持计划(BX2021362)资助
中国博士后科学基金(2022M723393)资助

粉煤灰中稀土元素的赋存状态及富集分离研究

潘金禾　周长春　著

中国矿业大学出版社

· 徐州 ·

内 容 提 要

本书综述了煤及粉煤灰中稀土元素的富集与分布特征以及回收方法,介绍了粉煤灰组成特征和稀土元素的测试方法,探讨了粉煤灰中稀土元素的赋存状态以及赋存成因,开展了物理分选及碱溶脱硅试验,取得了较好的稀土富集效果,提出了适合粉煤灰中稀土元素回收的焙烧-酸浸工艺,为粉煤灰中稀土元素的资源化利用提供了一种新思路。

本书可供从事资源加工和固废处理生产、科研、设计和教学的相关人员阅读参考。

图书在版编目(CIP)数据

粉煤灰中稀土元素的赋存状态及富集分离研究 / 潘金禾,周长春著. — 徐州 : 中国矿业大学出版社,2024.1

ISBN 978 - 7 - 5646 - 6137 - 3

Ⅰ. ①粉… Ⅱ. ①潘… ②周… Ⅲ. ①粉煤灰-稀土族-研究 Ⅳ. ①TQ170.4

中国国家版本馆 CIP 数据核字(2024)第 014398 号

书 名	粉煤灰中稀土元素的赋存状态及富集分离研究
著 者	潘金禾 周长春
责任编辑	陈 慧
出版发行	中国矿业大学出版社有限责任公司
	(江苏省徐州市解放南路 邮编221008)
营销热线	(0516)83885370 83884103
出版服务	(0516)83995789 83884920
网 址	http://www.cumtp.com E-mail:cumtpvip@cumtp.com
印 刷	徐州中矿大印发科技有限公司
开 本	787 mm×1092 mm 1/16 印张 11 字数 208 千字
版次印次	2024 年 1 月第 1 版 2024 年 1 月第 1 次印刷
定 价	48.00 元

(图书出现印装质量问题,本社负责调换)

前　言

　　稀土元素(REE)包括镧系元素、钇和钪共 17 种元素,是 21 世纪人类不可或缺的重要资源,在许多领域具有重要地位,对国家安全、经济发展至关重要。我国煤中稀土元素含量平均值远高于世界上其他国家和地区,在特定的地质条件下,稀土元素能够在煤中异常富集,接近或达到可利用的品位和规模,如果在当前技术经济条件下可以开采利用,那么这些围岩(煤层或夹矸)被称为"煤型稀有金属矿床"。

　　粉煤灰已经成为我国最大的固体废弃物,对生态环境和社会经济都产生了巨大的压力。迄今为止,粉煤灰已被明确作为二次资源进行利用,虽然取得了很大的进展,但多以消耗量大、附加值低的方式进行,未能充分发挥粉煤灰的使用价值。我国粉煤灰中稀土元素含量普遍较高,部分地区稀土元素异常富集,这就为我国粉煤灰中稀土元素提取利用提供了有利条件。粉煤灰中稀土元素回收利用,有利于改善我国稀土资源利用现状,因此开展粉煤灰中稀土元素富集提取利用研究是十分必要的。

　　世界各国基于粉煤灰特征,结合稀土提取方法和工艺,开展了各种回收方法探索。其中,美国能源部启动的"稀土工程",极大地推动了煤系稀土元素的研究。本书综述了近些年来国内外煤或粉煤灰中稀土元素富集分布、赋存状态和提取方法的研究进展,重点研究了典型粉煤灰中稀土元素的赋存状态、赋存成因、富集方法和焙烧-酸浸工艺等,为粉煤灰中稀土元素的开发提供了理论基础和技术支持。

　　本书由国家自然科学基金青年科学基金项目(52204292)、博士后创新人才支持计划(BX2021362)和中国博士后科学基金(2022M723393)资助出版,在成书过程中,得到了中国矿业大学化工学院和国家煤加工与洁净化工程技术研究中心相关老师的支持和帮助,同时书中参阅了许多国内外著作及期刊论文,在此一并表示感谢。

　　限于作者水平,书中不妥之处在所难免,敬请专家、学者和读者朋友批评指正。

著　者

2023 年 4 月

目　　录

1　概　　述

1.1　稀土元素的重要性

稀土元素(REE)包括镧系元素、钇和钪共 17 种元素,是 21 世纪不可或缺的重要资源,在许多领域具有重要地位,对国家安全、经济发展至关重要[1]。稀土被广泛用于永磁体、超导体、电子通信、磁性材料、荧光粉。此外,电动汽车、涡轮机和种类繁多的照明设备也广泛使用稀土作为添加材料[2-3](见表 1-1)。

表 1-1　稀土元素应用举例

元素	太阳能电池	风力涡轮机	汽车		发光
	PV 层	磁体	磁体	电池	荧光粉
La				●	●
Ce				●	●
Pr		●	●	●	
Nd		●	●	●	
Sm		●	●		
Eu					●
Tb					●
Dy		●	●		
Y					●
In	●				
Ga	●				
Te	●				
Co				●	
Li				●	

我国稀土资源丰富,但稀土资源形势却不容乐观,在过去数十年间,随着稀

土资源的日益开采,高品位的稀土矿床日渐匮乏,稀土储量的全球占比逐年下降,如图 1-1 所示[4]。按当前开发利用速度,我国的中、重稀土储量仅能维持 20 年左右,在 2050 年前后需要大量进口才能满足国内需求[5]。其他国家也对绿色清洁能源高度重视,稀土需求量和价格正在持续上升。早在 2010 年欧盟委员会就将稀土元素列为欧盟材料发展过程中重要的原材料之一,而且对其需求巨大。此外美国能源部也在政府年度报告中指出,在未来稀土元素将越来越重要,而且铕(Eu)、钇(Y)、镝(Dy)、钕(Nd)和铽(Tb)作为最重要的稀土元素,存在一定的供应风险。

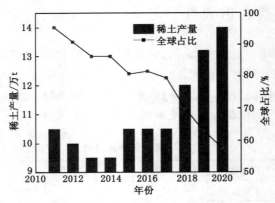

图 1-1   2011—2020 年中国稀土产量及全球占比

包括中国在内,世界各国为了保证稀土供需平衡,正在不断寻找勘探新矿,但存在加重生态环境问题的风险,引发公众的担忧,因此各国正在研究如何绿色环保地从二次资源废弃物中回收稀土元素,如回收废磁铁、催化剂、废旧电子产品、废弃荧光粉中的稀土。但是,上述废弃物存在二次资源量不够大、稀土的可持续生产仍然有限的问题。幸运的是,人们发现粉煤灰——世界上储量极大的煤燃烧的主要残渣——富含稀土元素。如美国在 2016 年启动了"稀土工程(Rare Earth Program)",重点资助 14 个从煤或粉煤灰中提取稀土元素的相关研究[6-7]。我国作为矿业大国,也应着眼于布局未来,形成我国具有独立知识产权的粉煤灰提取稀土技术储备,以维护我国稀土资源在国际上的优势地位和话语权。

1.2 粉煤灰

1.2.1 粉煤灰的形成及其环境效应

煤炭是地球上储量最丰富、分布地域最广的化石能源,是人类生产生活必不可缺的能量来源之一。但是在长期使用煤炭的过程中,产生了一系列副产品,不恰当的处理,会对环境造成严重的污染及影响。因此,从社会经济可持续发展的客观需要出发,迫切地要求实现煤炭副产品综合利用,粉煤灰是其中之一。

粉煤灰,又称为飞灰,是指从煤燃烧后的烟气中收捕下来的细灰,是燃煤电厂排出的主要固体废物,其氧化物组成为 SiO_2、Al_2O_3、Fe_2O_3、CaO、TiO_2 等。粉煤灰颜色在乳白色到灰黑色之间变化,取决于含碳量的多少和粉煤灰的细度。它具有潜在的化学活性,即粉煤灰单独与水拌和不具有水硬活性,但其粉末状态在有水存在时,能与碱在常温下发生化学反应,生成类似水泥凝胶性的组分,孔隙率高,比表面积大。

粉煤灰的排放量随着电力工业的发展快速增长,近二十年我国粉煤灰产量经历了 2001—2010 年的快速增长阶段和 2011—2021 年的稳中有增阶段(如图 1-2 所示),2021 年我国粉煤灰产量约 6.5 亿 t[8-11]。根据亚洲粉煤灰协会 2020 年统计数据,我国燃煤发电量占全球燃煤发电量的 50.2%,粉煤灰排放量也是全球最大,占全球的 50% 以上,是我国主要工业固体废物之一[12-14],对社会环境产生了巨大压力。目前粉煤灰的应用多集中于建筑材料、土壤改良等,亟须拓展粉煤灰利用途径。

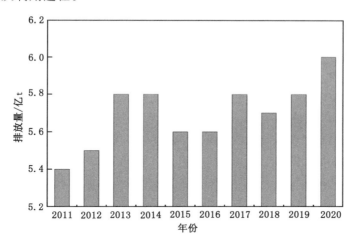

图 1-2　我国近年粉煤灰排放量统计

纯净的煤应该是不含有任何无机物,在燃烧过程中,将转化成 CO_2、NO_x、H_2O 等以气体的形式排放,但实际上任一种类的煤或多或少都含有无机物成分,这些无机成分通常称为煤中的矿物。这些矿物就是粉煤灰的主要来源。煤中大部分矿物的形态为晶体,既可能为简单化合物,也可能是混合物,有些矿物以无定形式存在,煤中矿物的尺寸与结合形式都是可变的,并非完全一致。另外还有少量的无机盐溶解于煤的孔隙以及表面水中。一般认为除煤中的水以及直接与有机物结合的元素外,其他所有无机物都是煤中的矿物。煤中无机物主要有两种:一种是成煤植物中的无机物,如木质组织中无机物含量为1%～2%,树叶、树皮中无机物含量为10%～20%;另一种是地下水结晶析出的物质,主要是铁、钙、镁和氯等的化合物。煤中的主要矿物包括硅酸盐、氧化物、碳酸盐、亚硫酸盐、硫酸盐、磷酸盐等。在煤的矿物杂质中,含量最多的是黏土矿物(铝硅酸盐)和氧化硅(石英),两者共占矿物杂质总量的60%～90%。但是,随煤种的不同,所含矿物杂质也不同。

根据热力学第一定律和第二定律,粉煤灰的形成是煤粉能量守恒、灰渣总熵不断增加、从热能到粉煤灰潜能的能量转化过程,粉煤灰的产生包括煤粉的燃烧,灰渣的烧结、破裂、颗粒熔融、骤冷成珠等过程。从这个意义上讲,电厂粉煤灰的锅炉实际上是粉煤灰产生的反应炉。

(1) 煤的燃烧阶段

煤粉在燃烧过程中,在不同温度阶段,各矿物均会发生物理或化学变化。煤从进入炉膛到燃烧完毕,一般经历四个阶段:第一阶段为水分蒸发阶段,即温度在100 ℃左右,水分被完全蒸发,煤被完全烘干。提高送入炉内的空气温度,可以加速煤的干燥过程,有利于煤的充分燃烧。第二个阶段为挥发分析出与着火阶段,烘干后的煤继续吸收热量,温度持续上升,煤中的挥发物随之析出,产生焦炭(剩余固体部分)。不同的煤,开始析出挥发分的温度不同,褐煤为150～180 ℃,高挥发分的烟煤为180～240 ℃,低挥发分的烟煤为130 ℃,贫煤在300 ℃以上,而无烟煤需达到400 ℃才开始析出挥发分。第三阶段为焦炭燃烧阶段,煤中的挥发物着火燃烧后,余下的炭和灰组成的固体物便是焦炭,此时焦炭温度上升很快,一般温度升至700 ℃以上,焦炭才开始进行剧烈的氧化反应,固定碳剧烈燃烧,放出大量的热,发出白色或蓝色的火焰。煤中挥发分析出后,焦炭中形成许多空隙,大大扩展了焦炭与氧气接触燃烧的表面积,加快了焦炭燃烧速度,促进煤的完全燃烧。第四阶段为燃尽阶段,是焦炭燃烧阶段的继续。煤中的可燃物全部燃烧完毕后,剩下的灰渣温度仍然很高,为了充分利用或回收其中一部分热,仍需一段时间继续燃烧。灰渣经过一段时间停留再排出炉外的过程称为燃尽阶段。也有学者将第一和第二阶段合并,称为着火前准备阶段。

(2) 煤燃烧中主要矿物变化

煤在燃烧过程中,各种主要矿物均发生不同程度的物理化学变化,在不同温度下,其物相转变不同。黏土矿物在300 ℃时,开始脱去表面的吸附水,650 ℃时开始脱去结晶水,1 100 ℃时矿物晶格开始破坏,当温度继续上升时,矿物颗粒表面就开始熔融。以高岭土为例,当温度达到 400 ℃时,高岭土发生脱羟基反应,形成偏高岭土,当温度超过 900 ℃时,偏高岭土将形成莫来石和其他无定形石英。伊利石是典型的富铁、镁、钾、钠的黏土矿物,当温度超过 400 ℃时开始分解形成铝硅酸盐。大约 800 ℃时,碳酸盐开始分解放出二氧化碳及对应的氧化物(如石灰 CaO),但是各自分解温度不同。在温度超过 1 000 ℃时,石英如果没有与黏土矿物结合,将熔解于熔融的铝硅酸盐中,再随温度升高到 1 650 ℃时将开始挥发。煤中大部分的铁是以黄铁矿(FeS_2)的形式存在,但是硫氧化速度很慢,黄铁矿在火焰中也只是部分氧化,形成熔点较低、密度较大的 FeS/FeO 共晶体。在实际锅炉燃烧中,煤中大部分含铁矿物质在碳及 CO 的作用下,形成 Fe_2O_3 和 Fe_3O_4,新生的铁氧化物会与硅、铝、钙质玻璃体连接在一起,形成球状或似球状的铁质微珠。在燃烧过程中,微量元素的含量及其矿物的种类发生了变化,并形成高温稳定的矿物种类。

(3)煤中元素对粉煤灰特性的影响

煤中的炭粒可以分为空心炭、多孔炭和密实炭。在空心炭中,细小灰球伴随壳壁的膨胀集中在外壁,随着炭粒的燃尽,灰球间聚结形成灰壳,于是形成空心微珠。炭粒内部的供氧量可能相对不足,其燃烧速度与温度会略低于外壁,当外部灰壳形成后,内部炭粒刚刚燃尽,灰球间尚未来得及聚结,就已脱离高温区,这种情况下会形成子母珠。密实炭服从等密度的燃烧方式,燃烧由外向内进行,但燃烧过程中会形成很多裂隙,裂隙中灰球堆积,会和多孔炭一样,因为燃烧过程中内外存在微小的时间差或温度差而导致产生子母珠。

铁对煤灰的矿物形态影响非常重要,还原态的铁比氧化态的铁的熔点更低,铁化合物可能会与煤灰中的硅酸盐反应产生低熔点的铁硅酸盐飞灰颗粒。钠既可能同其他矿物反应,也可能在火焰中蒸发,当钠蒸气移动到锅炉内较冷的区域后会凝结,大部分钠可能会与铝硅酸盐结合。有机硫在煤的燃烧过程中可能释放二氧化硫气体,在快速加热和还原气氛中,黄铁矿将会融化然后部分分解成 FeS,在氧化气氛中 FeS 可能形成氧化铁,然后硫生成二氧化硫气体。煤中有机结合态钙元素极易与煤中其他矿物元素发生交互反应,形成低温共融体,产生更为复杂的矿物相,如陈胜等[15]通过研究高钙新疆煤和高硅铝煤混烧过程,发现灰中含钙硅铝酸盐会向成分更复杂的硅铝酸盐(含铁氧化物或碱金属)迁移。

(4)燃烧锅炉对粉煤灰特性的影响

常见的锅炉有煤粉炉和沸腾炉(流化床锅炉)。煤粉炉是以煤粉为燃料,具有燃烧迅速、完全、容量大、效率高等特点,对煤粉热值具有一定要求,燃烧温度一般在 1 300~1 700 ℃,飞灰产量可高达 80%~90%;沸腾炉对燃料的适应性很强,可燃煤矸石、煤泥等劣质燃料,工作温度通常在 850~950 ℃。

在煤粉炉中大部分矿物质在很短的时间内达到了熔点以上温度,变成了熔体,在表面张力的作用下,熔融的颗粒呈圆珠状,这些液体小珠在烟气流的吹动下,处于分散状态,大部分被烟气流送到炉膛外的烟道中,随着温度快速下降,这些小珠形成不同形状的玻璃体,除少量沉降到炉膛底部外,大部分在飞灰中。此外,另有少量保留原来矿物学结构特征的颗粒如石英,以及部分未来得及燃烧的有机质,随烟气流排出,集中在飞灰中。

循环流化床由于工作温度比煤粉炉低,只能达到部分矿物的熔点,导致粉煤灰中玻璃体数量相对较少,矿物质以石英为主,其形态也多为不规则形状。另外,低温燃烧也导致了未燃炭含量高,从而给粉煤灰利用带来困难[16]。因此,需要进一步加强这方面研究,以促进不同燃烧锅炉所产生粉煤灰的综合利用技术。

(5)粉煤灰的排放

粉煤灰排放方式的差异形成了粉煤灰个性的差异,常见的排放方式有干式排放和湿式排放两种。粉煤灰的排放主要按照其收尘方式不同,分为干收干排、干收湿排和湿收湿排等。干收干排指采用静电收尘器、机械收尘或者布袋收尘等设备收尘,然后再采用负压、正压、微正压或者机械式等干除灰系统将粉煤灰排放出来;干收湿排是利用干式除尘器收集到粉煤灰后,再采用水力冲排;湿收湿排是利用湿式除尘器收集到粉煤灰后,直接将粉煤灰以灰浆的形式排放到储灰池。因此称采用干收干排方式得到的粉煤灰为干排灰,而利用干收湿排和湿收湿排方式得到的粉煤灰为湿排灰。湿排粉煤灰时采用较多量的水,直接从喷淋除尘器中或者静电除尘器中将粉煤灰稀释成流体,用泵和管道打入粉煤灰沉淀池中。刚入池的粉煤灰,固液比高达1∶(20～40),为了能够利用,需进行脱水处理。粉煤灰的脱水工艺,有自然沉降法、自然沉降-真空脱水法、浓缩真空过滤脱水法等。

因此,火电厂灰渣通常有两种形态:一种是从排烟系统中用收尘设施收集下来的细粒灰尘,叫做粉煤灰或者飞灰,约占灰渣总质量的70%～80%(有一些极细的颗粒则经烟囱排入大气中);另一种是在炉膛内黏结在一起的粒状灰渣,一般称为炉底灰或灰渣,这种灰渣落入锅炉底部,经破碎后从炉底排出,约占灰渣总质量的15%～30%。因此也有学者将一般所讲的粉煤灰分为三类:一是飘灰,即从烟囱中飘出来的细灰,其粒径小于10 μm;二是称为飞灰的粉煤灰,即从烟道气体中收集的细灰;三是从炉底中排出的炉渣中的细灰,也叫炉底灰。

我国每年产生大量的粉煤灰,不仅占用了大量土地,而且对环境的影响已经渗透到人们平时生活的各个方面,对人体健康和社会经济发展造成潜在的威胁,如通过呼吸、饮水等途径,直接或间接进入人体,危害健康。因此,需要进一步加强对粉煤灰的综合利用,尤其是有害物质的防治。

1.2.2　粉煤灰资源综合利用

自 20 世纪初,日本、美国、英国、苏联等国家就相继着手对粉煤灰的物理化学特性、实际工业应用等进行研究。粉煤灰已被明确作为二次资源进行利用,其综合利用率在国外发达国家中已超过 50%,个别国家甚至超过 90%,而我国粉煤灰综合利用率仅 40.6%,与发达国家相比还有一定差距。随着近年来对环保的重视程度越来越高,粉煤灰的综合利用也引起国家关注与重视,取得了一定的成就。总体而言,当前对粉煤灰的利用主要为以下两种方式:一是利用粉煤灰的某些物理化学特性,直接将其作为农业、建筑领域的主要生产原材料或制成功能性新材料,例如制作回填材料[17-18]、水泥[19]、土壤改良剂[20]、陶瓷[21]、耐火材料[22]、吸附剂[23]等。这种用途的粉煤灰消耗量较大,但其附加值低,没有充分发挥粉煤灰的使用价值。二是视粉煤灰为一种宝贵的再生资源,根据其具体特点,按照一定的工艺进行处理,提取其中附加值高的产品。粉煤灰的资源化利用具体包括以下几种:

（1）空心微珠

火力发电厂排放的大量粉煤灰中,有一种颗粒微小,呈圆球状,颜色由白到黑、由透明到半透明的中空玻璃体,通称为空心微珠。空心微珠按密度不同可以分为漂珠和沉珠:能浮于水面上的称为漂珠,沉于水中与炭和灰混合的称为沉珠。总体上讲,它们都具有颗粒细、质轻、绝缘、耐火、隔声、强度高等特性,可用于塑料、合成橡胶的填料、涂料、高级隔热材料、耐磨器件、潜艇材料及航天飞船的隔热材料等的制造,具有广阔的市场空间和较高的利用价值。目前,将漂珠、沉珠从粉煤灰中分离出来,可采用两种方法:以空气为介质的干法分选工艺(干排粉煤灰)和以水为介质的湿法分选工艺(湿排粉煤灰)。从分选工艺效果来看湿法要比干法好些,但是湿法工艺需增设产品脱水、干燥等工序[21]。

（2）未燃炭

粉煤灰中的炭粒是煤粉未完全燃烧而残留的部分,粉煤灰中分离的炭粉是一种分散度较高的颗粒炭质原料,具有粒细、质轻、挥发分低、硫含量低、有微孔结构等特点,密度 $1.6\sim1.8\ g/cm^3$。分析全国近 60 多个单位粉煤灰分选的结果,发现燃用无烟煤等低挥发分煤时,分离炭多为不规则形状,以片状为多,大多有煤的光泽,而燃用高挥发分煤,未燃炭多呈蜂窝状,部分呈中空圆形,但两种炭表面都有微孔[24]。粉煤灰中选炭主要有电选和浮选两种工艺,分别适用于干排和湿排粉煤灰。分离出的未燃炭可以掺入原煤中返回锅炉再烧,当掺入量小于30%时,对燃烧情况及效率无大的影响,能大幅度降低电厂的燃料成本。分选的未燃炭还可以做内燃黏土砖的燃料,产品参数优于原来产品。同时分选出的未燃炭中精炭含量高、表面多孔,可以作为吸附剂或制造活性炭的原料,具有较好的应用前景。

（3）磁珠

粉煤灰中含有许多铁矿物质，如黄铁矿（FeS_2）、赤铁矿（Fe_2O_3）、菱铁矿（$FeCO_3$）、褐铁矿（$2Fe_2O_3 \cdot H_2O$）等，由于煤质不同，燃煤灰分中含铁量（以 Fe_2O_3 表示）8％～29％不等。对于不具备磁性的含铁矿物，可以通过加热方式，形成尖晶面结构的四氧化三铁和少部分粒铁，再用磁选把粉煤灰中的铁选出来。粉煤灰中回收铁矿物不需要剥离、开采、破碎、磨矿等工段，其投资仅为从矿石中选铁的 1/4 左右，从而可节省大量基建和经营费用。若粉煤灰中全铁含量偏低，应先预选富集，如使用水力旋流器，达到一定品位后再进行磁选回收。通常认为，粉煤灰含铁超过 5％，可以考虑进行粉煤灰中铁的回收。

（4）有价元素的提取

铝和硅是粉煤灰中的主要元素，若能够实现铝和硅的回收或部分回收，不仅能够带来巨大的经济价值，而且客观上有利于缓解资源紧张和粉煤灰环境污染问题。回收的关键是有效打开粉煤灰中的 Al-Si 键，实现铝和硅的有效释放，目前已形成碱石灰烧结法、石灰石烧结法、盐酸浸取法、硫酸浸取法、亚熔盐法等多种工艺，而这些工艺根据其核心反应特性的不同主要分为碱法和酸法两大类。据报道[25]，中国大唐集团自主研发的预脱硅-碱石灰烧结法在内蒙古托克托工业园区建成了国内外首条粉煤灰年产 20 万 t 氧化铝及可消纳剩余硅钙渣的生态水泥配套生产线。中国科学院过程工程研究所采用亚熔盐法，利用亚熔盐沸点高、流动性好等特点，经溶出、闪蒸、蒸发结晶、溶解脱硅、种分、$Al(OH)_3$ 煅烧得到 Al_2O_3，氧化铝溶出率高于 90％[26]。粉煤灰也是战略性关键金属元素的宝库，可以从中回收锂、镓等元素。据报道，采用 NH_4F 活化助浸粉煤灰可以实现 90％锂的提取[27]。

1.3 煤中稀土元素

1.3.1 煤中稀土元素的富集与分布

煤是一种具有还原障和吸附障性能的有机岩和矿产，在地球上广泛分布，其资源储量、需求量及产量均十分巨大。稀土元素作为地球化学领域重要参数，通过煤中稀土元素的研究，能够判断煤的成煤环境和成煤过程，对于不同煤层判断、煤层地质成因分析等方面具有重要作用。在地质上，将稀土元素（镧系元素）分成两类，即轻稀土元素（La，Ce，Pr，Nd，Sm 和 Eu）和重稀土元素（Gd，Tb，Dy，Ho，Er，Tm，Yb 和 Lu），相应的，稀土元素富集类型可以根据轻重稀土比（L/H）

划分为轻稀土元素富集型和重稀土元素富集型。如果再加上钇元素,那么往往分成三类:轻稀土元素、中稀土元素和重稀土元素[28]。在研究煤或其他岩石中的稀土元素时,往往进行标准化后构建稀土配分模型,选用的稀土标准有:地球上陆壳(UCC)、Post-Archean 澳大利亚页岩(PAAS)、北美页岩复合物(NASC)和中国球形陨石。在国际上,往往选择地球上陆壳作为标准[29]。

据统计,世界煤中稀土元素含量的平均值为 68.47 $\mu g/g$[30],小于地球上陆壳的含量(168.4 $\mu g/g$)[31];美国煤中稀土元素含量的平均值(62.29 $\mu g/g$)[32]接近世界平均值;中国煤中稀土元素含量的平均值为 137.9 $\mu g/g$[33](另一说法为 96 $\mu g/g$[34]),远高于世界上其他国家和地区。表 1-2 中列出部分国家煤中稀土元素含量平均值。

表 1-2　部分国家煤中稀土元素含量平均值　　　　单位:$\mu g/g$

元素	朝鲜[35]	中国[34]	土耳其[36]	美国[32]	世界[30]
La	14.5	18	21.12	12	11
Ce	27.2	35	39.24	21	23
Pr	2.9	3.8	4.71	2.4	3.5
Nd	11.1	15	16.85	9.5	12
Sm	2.3	3	3.18	1.7	2
Eu	0.5	0.65	0.76	0.4	0.47
Gd	1.4	3.4	3	1.8	2.7
Tb	0.3	0.52	0.45	0.3	0.32
Dy	2	3.1	2.42	1.9	2.1
Ho	0.4	0.73	0.47	0.35	0.54
Er	1.1	2.1	1.37	1.0	0.93
Tm	0.3	0.34	0.21	0.15	0.31
Yb	1	2	1.35	0.95	1.0
Lu	ND	0.32	0.21	0.14	0.2
Y	7.2	9	12.76	8.5	8.4
REY	72.4	96	108.08	62.29	68.47

在特定的地质条件下,煤能够富集诸如锂、铝、钪、钛、镓、锗、硒、锆、铌、钽等稀有元素和金属,有的可以达到可利用的程度和规模,如果在当前技术经济条件下可以开采利用,那么这些围岩(煤层或夹矸)被称为"煤型稀有金属矿床",亦称之为与煤共(伴)生稀有金属矿床。煤与稀土的伴生构成了"煤型稀土矿床"[37]。

据文献报道，煤型稀土矿床主要分布在俄罗斯、美国和中国，其次为保加利亚、加拿大和朝鲜地区，其煤层中稀土含量可以达到 1 000 $\mu g/g$ 以上，个别煤层中稀土含量可以超过 2 000 $\mu g/g$[38-39]。中国与美国为煤中稀土元素分布最广泛的国家[40-41]。

从稀土元素经济利用价值的角度出发，Seredin 等[42]和 Dai 等[29]提出了一种对煤中稀土元素新的分类标准，即将稀土元素分成 3 种：紧要的（包括 Nd，Eu，Tb，Dy，Er 和 Y）、不紧要的（包括 La，Pr，Sm 和 Gd）和过多的（包括 Ce，Ho，Tm，Yb 和 Lu）。基于此分类标准，提出了除稀土元素的总含量因素之外的另一指标——前景系数 C_{outl}，即总稀土元素中的紧要元素和总稀土元素中的过多元素含量的比值，如公式（1-1）所示。根据前景系数，可以将煤中稀土元素划分为 3 组：没有开发前景的、具有开发前景的和非常具有开发前景的。在这个标准的基础上，确定了紧要稀土元素在总稀土元素中的比例（REY_{def}）和前景系数（C_{outl}）两个参数，将粉煤灰是否能够开发进行了分类：第一组（$REY_{def} \leqslant 26\%$；$C_{outl} \leqslant 0.7$）被认为是不具备开发前景的；第二组（$30\% \leqslant REY_{def} \leqslant 51\%$；$0.7 \leqslant C_{outl} \leqslant 1.9$）被认为是随着经济发展具备开发前景的；第三组（$REY_{def} > 60\%$；$C_{outl} > 2.4$）被认为是极具开发前景的。

$$C_{outl} = \frac{(Nd+Eu+Tb+Dy+Er+Y)\text{含量}}{(Ce+Ho+Tm+Yb+Lu)\text{含量}} \tag{1-1}$$

1.3.2 煤中稀土元素的来源与赋存状态

为了将稀土从煤中提取出来，首先要弄清楚稀土的来源及其在煤中的赋存状态，而这不仅取决于泥炭沼泽时期的植物残体、基底土壤、围岩以及成煤过程中物理、化学和生物的循环转化，还受煤形成以后的区域地质构造、岩浆活动以及地下水活动等影响[43]。邵靖邦等[44]研究发现，煤中稀土通常以三种形式存在：以有机螯合物参与结构、形成独立的无机组分、以机械混入物或类质同象赋存于其他矿物中。Qi 等[45]研究表明，稀土主要以无机状态赋存于煤中，无机状态的稀土可能来源于同生阶段的陆源碎屑输入；中-高灰煤中以独居石为主的磷酸盐是稀土富集的主要载体。Eskenazy[46-47]认为高灰煤中稀土的富集主要与陆源碎屑（硅酸盐）有关，低灰分的煤相对富集重稀土，并且随着灰分的增高，煤中稀土含量也随之增加，其分布模式越接近页岩。有机组分也具有吸附稀土的能力，Eskenazy[47]、戚华文等[48]发现煤中的稀土可以与腐殖酸以配合物的形式存在，稀土可以通过与 Na、K、Ca、Mg 结合的羧基和羟基基团的离子交换形式富集在有机组分中，且轻稀土、重稀土无明显差异；代世峰等[33,49]认为煤中稀土主要与黏土矿物有关，其次是有机组分。Birk 和 White[50]指出，悉尼盆地烟煤中的稀土元素与灰分含量有很强的相关性（0.58～0.87）。Karayigit 等[36]报道，土耳其煤的 13 个煤样中 95% 置信水平的 L_{REE} 与灰分产量呈正相关,而 H_{REE} 没有相关性。Eskenazy[47] 还发现,随着煤灰分含量的增加,稀土含量增加。对于含量正常的煤,稀土元素主要在褐铁矿、独居石、磷钇矿等副矿物,萤石、锆石等残留矿物,或高岭石、伊利石等黏土矿物中富集。Finkelman 和 Stanton[51] 在煤中检测到至少 4 种副矿物稀土,对悉尼煤的扫描电镜检测到稀土主要是在离散的磷酸盐矿物中发现的。根据稀土元素与硅、铝、钛、铁、钠等亲石元素的正相关关系,Wang 等[52] 发现我国安太堡矿区的大部分稀土来自碎屑,主要发现于高岭石、伊利石和磷酸盐中,对于高稀土元素含量的煤,自生稀土矿物起主导作用。Seredin[53] 认为稀土元素主要存在于稀土矿中,吸附在有机质或黏土矿物上。Hower 等[54] 发现,美国肯塔基州东部煤样中的稀土元素主要是富含在磷酸盐中,初步认定为独居石,它是自生源的,以非常小的(<2 mm)的不规则形状颗粒发生。对于我国内蒙古准噶尔煤田的煤炭,Seredin 等[42] 发现其稀土元素主要与自生高岭石、水钠锰矿、钡磷铝石和勃姆石有关。

煤型稀土矿床形成的原因主要有火山灰作用、热液流体(出渗型和入渗型)、沉积源区供给 3 种类型。酸性和碱性火山灰可以促进煤型稀土矿床的形成[55-56]。热液成因的煤型稀土矿床主要分布在新生代煤盆地(如俄罗斯远东地区)和中生代煤盆地(如俄罗斯外贝加尔和中西伯利亚的通古斯卡盆地)。据报道[57],我国云南东部地区发现了一种新的多金属矿床(稀土及铌、铪、钽、锆、镓),其中个别煤层稀土氧化物(REO)含量可以达 3 000 $\mu g/g$ 以上,煤中稀土含量平均值为 1 300 $\mu g/g$,稀土富集的原因主要是碱性火山灰的作用,其矿床包括带有火山灰的黏土、凝灰质黏土、凝灰岩和火山角砾岩。

热液流体不仅带来了稀土元素,而且对稀土元素在煤和矸石中的分配具有重要作用,例如,Zr/Hf,Nb/Ta,Yb/La,U/Th 的值在广西扶绥煤层顶板及底板中的差别很大,这主要是因为热液中 Zr,Nb,Yb 和 U 分别表现出比 Hf,Ta,La,Th 更为活泼的性质,更容易淋溶到有机质中,从而被有机质吸附[58]。同样的情况出现在四川华蓥山[57]、内蒙古大青山[59] 等矿区,以及美国肯塔基煤田[54] 等。四川华蓥山煤田(K_1 煤层)中稀土元素的富集是碱性流纹岩和热液流体共同作用的结果,K_1 煤层中 3 层夹矸是由碱性流纹岩蚀变形成的,高度富集稀土元素以及铌、锆等稀有金属元素,其中钇含量高达 1 423 $\mu g/g$[37]。

许多煤地质成因的论文证实了煤中稀土元素载体矿物的存在[35,50,54,60-63]。Hu 等[35] 研究了朝鲜 50 多组煤样中的稀土元素,发现稀土元素的含量与灰分呈正相关,特别是轻稀土元素,Birk 等[50] 及 Karayigit 等[36] 也发现同样的规律。而且,稀土矿物也通过扫描电镜与能谱分析得到了直接的证实[53-54,64],如图 1-3 所示:其中图(a)来自悉尼煤田,呈现出莓状黄铁矿、伊利石与独居石(Mz)具有一致性[50];图(b)(c)来自肯塔基煤田,图(b)为富集 Ce 与 La 的磷酸盐(P)被高岭石包裹着,图(c)为富集 Ce、La、Nd 的磷酸盐矿[54];图(d)为美国能源实验室煤样,明亮处为独居石[65]。

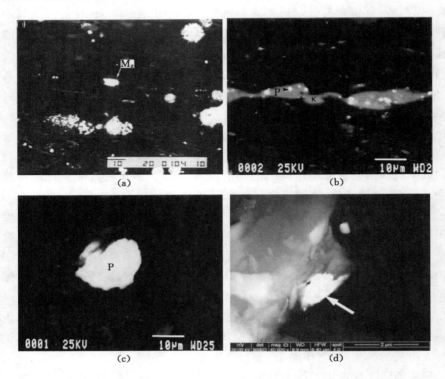

图 1-3　煤中稀土颗粒的背散射图

代世峰等[66]采用逐级化学提取的方法将稀土元素分成水溶态、可交换态、碳酸盐结合态、有机态、硅铝化合物结合态及硫化物结合态 6 种形态,指出硅铝化合物结合态是煤中稀土元素的主要赋存状态,其载体主要是黏土矿物。由于稀土元素化学性质相对稳定,致使水溶态及可交换态的稀土元素含量甚微。煤或顶板中碳酸盐矿物、硫化物矿物对稀土的存在形式起到一定作用。煤中有机物的含量占比不高,不超过 10%。同样的结论也在 Finkelman[67]研究南非低阶煤的过程中被证实。但是,Seredin[53]对俄罗斯远东地区的研究过程中,发现大量的稀土存在于有机组分中。

因此,归纳起来煤中稀土元素的赋存状态一般有以下几种形态[32-33,46,49,56,60,68]:① 同生阶段来自沉积源区的碎屑矿物或来自火山碎屑矿物

（如独居石或磷钇矿），或以类质同象形式存在于陆源碎屑矿物或火山碎屑矿物中（锆石或磷灰石）；② 成岩或后生阶段的自生矿物（如含稀土元素铝的磷酸盐矿物或硫酸盐矿物，含水的磷酸盐矿物如水磷镧石或含硅的水磷镧石，碳酸盐矿物或含氟的碳酸盐矿物如氟碳钙铈矿）；③ 赋存在有机质中；④ 以离子吸附存在。值得注意的是含轻稀土元素矿物会在煤中富集，重稀土可能以有机质或以离子吸附形式存在。

1.3.3　煤中稀土元素的回收方法

随着市场对稀土元素需求的增加及煤中稀土元素赋存状态研究的深入，越来越多的科研人员投入煤中稀土元素的研究，取得了一些进展，选矿富集、酸浸、离子交换浸出、生物浸出、热处理、碱处理、溶剂萃取以及其他回收技术等被用于煤中稀土元素的回收[69-70]。选矿富集已被广泛应用于常规矿床中稀土矿物的传统选矿工艺，是一种适合的低成本的富集煤中稀土的方法，其主要分离方法包括粒度分选、磁选、重选、光电选和浮选等[7]。而煤中稀土元素的高效选矿富集，更是实现该类资源经济、有效提取的关键之一。目前，国内外已有学者开展了煤及中稀土重选、浮选、磁选、电选以及联合选矿等选矿富集以及多种化学回收方法研究[71-72]。

（1）重选富集

考虑到煤中稀土元素的赋存与煤中矿物有一定的关联性，学者们研究了煤及其副产物中稀土的重选预富集。Honaker 等[73]针对处理来自 Fire Clay、Fire Clay Rider、Eagle Seam 三个不同选煤厂的矸石样品进行重选回收稀土的可行性评估，发现 60％以上的稀土元素分布在 2.4～2.68 g/cm³ 密度组分，表明该密度组分具有理论回收稀土的潜力。采用重介质对其进行分离富集，结果表明超过一半的稀土元素分布在中密度组分中，稀土元素的最大富集比在 5.4％～12.9％。因此，采用重选可以实现部分稀土的富集。但 Honaker 等[74]在使用摇床进行煤系稀土元素富集中发现稀土富集比均为 1.1，试验结果见表 1-3，而使用多重力分离器时分离性能同样不太理想。因此，重选应用于煤及副产物中稀土的分离富集效果不明显，或需要进一步研究与其他富集方法相联合。Zhang 等[75-76]以 1.8 g/mL 为密度分割点对粉煤灰样品进行了浮沉试验，结果发现 1.8 g/mL 沉物比 1.8 g/mL 浮物含有更多的稀土元素（521 μg/g 对 376 μg/g）。Lin 等[65]对两个粉煤灰样品进行了重介质分离试验，发现最大稀土元素含量出现在中密度（2.71～2.95 g/mL 和 2.45～2.71 g/mL）中。从现有学者们开展的煤及副产物中稀土的重选分离研究看来，重选对煤中稀土的富集程度较为有限。

表 1-3　重选富集煤矸石中稀土元素

样品	样品来源	富集方法	稀土元素含量/ $(\mu g/g)$	富集比 (ER)	回收率 /%
粗粒矸石(一28～+100目)	Fire Clay	摇床分选	252	1.1	16.8
粗粒矸石(一28～+100目)	Eagle Seam	摇床分选	213	1.1	16.1
粗粒矸石(一28～+100目)	Fire Clay Rider	摇床分选	234	1.1	24.75
粗粒矸石(一100目)	Fire Clay	多重力分选	290	1.2	85
粗粒矸石(一100目)	Eagle Seam	多重力分选	257	1.2	90
粗粒矸石(一100目)	Fire Clay Rider	多重力分选	254	1.1	87

（2）磁选富集

磁选能有效提高传统稀土矿物回收过程中的精矿品位和回收率,能与其他方法联合获得较好的稀土富集效果。因此,学者们研究了煤及其副产物中稀土的磁选富集研究。Zhang 等[75]对肯塔基州东部选煤厂二次重介选中煤样品进行间歇式湿式强磁选试验,磁场强度保持在 1.4 T,试验结果获得稀土含量 7 000 $\mu g/g$,富集比 14:1 的含稀土精矿。Honaker 等[73]对磁选回收煤及其副产物中稀土进行了可行性评价,针对处理 Fire Clay、Fire Clay Rider 和 Eagle Seam 煤层的三个不同的选煤厂样品,采用间歇式湿式高强度磁选(WHIMS)对 −28～+100 目和 −100 目粗粒煤矸石样品进行了磁选试验,样品依次经过 1.5 T、0.4 T、0.75 T、1.1 T 四种不同的磁场强度,获得的稀土回收率小于 2%,回收效果很不理想。Lin 等[65]在物理分离法富集煤及其副产物中稀土的研究中,也对磁选方法进行了研究,其结果表明,稀土元素在非磁性组分中富集,可能与非铁矿物伴生,粉煤灰样品的非磁性部分稀土含量超过 600 $\mu g/g$,而磁性部分只含有 200 $\mu g/g$ 左右的稀土元素,这与 Dai 等[64]对粉煤灰样品分离的研究结果一致。Blissett 等[77]从含有 505 $\mu g/g$ 稀土氧化物的粉煤灰中获得了含有 270 $\mu g/g$ 稀土氧化物的磁性部分。从这些研究结果可以看出,磁选法进行煤及其副产物中稀土的富集与回收效率有待进一步提高。

（3）浮选富集

从煤及其副产物中稀土的赋存状态可以知道,稀土矿物嵌布粒度较小,尤其是在粉煤灰中,这给物理分选增加了难度。浮选法是分离富集超细颗粒的最佳可用方法,是最可能解决这一问题的方法[78]。彭蓉等[79]针对四川省德昌县大陆槽稀土矿与其他矿物嵌布关系复杂以及矿石泥化较严重的矿石性质,采用浮选-磁选联合工艺流程,最终获得含稀土氧化物品位 61.11%、回收率 60.09%的合格稀土精矿。Honaker 等[73]对浮选法进行了评估,使用 Talon 9400、油酸钠和油酸 3 种捕收剂对 3 个不同煤层(Fire Clay、Fire Clay Rider 和 Eagle Seam)的选煤厂浓密机底流样品(稀土含量分别为 247 μg/g、245 μg/g 和 189 μg/g)进行浮选试验,结果表明:使用 Talon 9400 或油酸钠可获得较高的稀土回收率,但精矿的稀土品位较低;以油酸为捕收剂,可获得稀土含量约 380 μg/g 的精矿;通过粗精混合浮选可获得 1 182 μg/g 的稀土精矿,具有较好的回收性能。Gupta 等[80]对阿拉斯加某含稀土煤(Healy 和 Wishbone Hill 煤)进行了浮选研究,在不使用抑制剂和 pH 调整剂,以柴油为捕收剂,2-乙基己醇为起泡剂的条件下,可获得煤中稀土回收率约 78% 的浮选效果。Honaker 等[81]使用脂肪酸和辛酰羟肟酸(OHA)作为主要捕收剂,在矿浆 pH 值为 9 时对来自处理 Fire Clay 煤层的东肯塔基选煤厂浓密机底流样品(平均粒径约 2 μm)进行一粗四精浮选试验,稀土含量由原矿的 360 μg/g 增加到大约 2 300 μg/g(以灰分计);考虑到矿物颗粒较小对稀土回收的影响,后期改用浮选柱进一步富集,最终获得总稀土元素含量约为 4 700 μg/g 的精矿,富集比 13∶1,实现了稀土元素的高效富集。Zhang 等[82]利用油酸钠和甲基异丁基甲醇(MIBC)作为捕收剂和起泡剂,对肯塔基州东部的一个使用 Fire Clay 做原料的选煤厂的浓密机底流样品进行浮选试验,该样品稀土含量约 431 μg/g,采用传统浮选槽浮选可获得稀土含量 2 300 μg/g 的浮选精矿,而采用浮选柱进行富集可获得稀土含量达 4 700 μg/g 的较高浮选指标,稀土含量是传统浮选槽富集的两倍以上,稀土富集比高达 10.9,浮选结果见表 1-4。

表 1-4　浮选富集煤及其副产物中稀土结果

样品	富集方法	产品稀土含量/(μg/g)	富集比(ER)	回收率/%	参考文献
脱炭浓密机底流	常规浮选槽浮选(一粗四精)	2 300	6.3	—	[81]
脱炭浓密机底流	浮选柱浮选	4 700	13.0	—	
脱炭浓密机底流细粒煤矸石	以油酸钠为捕收剂的常规浮选槽多级浮选	2 300	5.3	<20	[82]
脱炭浓密机底流细粒煤矸石	以油酸钠为捕收剂的浮选柱多级浮选	4 700	10.9	<20	

浮选法富集煤及其副产物中稀土元素具有一定的可行性及应用前景,且浮选柱的回收效果较浮选机更好,这可能与稀土矿物嵌布粒度较细有关,需要进一步研究和完善。

(4) X 射线拣选富集

　　近年来,智能光电选矿预选抛废技术在低品位、难选矿和煤矸石的预选抛废工艺中得到了较好的应用[83-84]。基于煤中稀土与主成矿组分间的赋存关系,有学者开展了 X 射线透射拣选在煤中稀土富集与预选抛废的研究[85]。美国肯塔基大学 Honaker 教授等[86]采用双能 X 射线透射拣选设备开展了西肯塔基 13号煤层样品的预选抛废研究。该设备拥有高能和低能 X 射线探头,能够处理150～12 mm 的颗粒,并可同时检测出颗粒的密度、大小及组成等信息,能够较好地消除颗粒厚度对检测的影响(图 1-4)。对比煤样处理前后的 X 射线扫描结果可以发现,该 X 射线透射拣选设备可以较精确地实现不同密度颗粒的分离与富集。

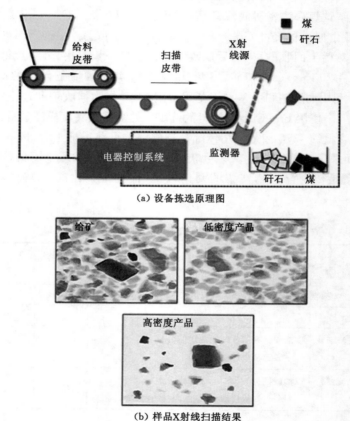

(a) 设备拣选原理图

(b) 样品X射线扫描结果

图 1-4　双能 X 射线透射拣选设备原理图与样品 X 射线扫描结果

　　X 射线拣选富集工艺具有识别准确度高、分辨精度高、工艺流程短、处理量大、节能、智能、环保等优点[87],较传统重介选可减少脉石矿物的夹杂问题[88-89],

可用于含稀土煤及其副产物的预富集,有效抛除含稀土矿物少甚至不含稀土矿物的低密度颗粒,且拣选过程不受入料水分波动及颗粒形状等的影响,拣选效率高[90]。但双 X 射线透射拣选机对入料粒级有一定要求[91],实际应用中需控制进入拣选机的粒度,以便于增加拣选机的处理能力和抛废率,减少破碎、磨矿阶段的处理量,提高后续分选过程稀土的入选品位及富集效率。

（5）疏水-亲水分离工艺

与传统稀土矿相比,煤中的稀土元素更集中在较细的组分中,给物理富集回收该类资源造成较大难度,为了使稀土元素解理出来必须进行超细粉碎,但粒度较细严重影响回收率及精矿品位。针对泡沫浮选效果有限的问题,Gupta 等[80]提出了疏水-亲水分离（HHS）工艺,该方法利用一种新型的超细颗粒浓缩分选设备（图 1-5）,在提高微米级物料回收率的同时提供脱水产品。该工艺采用疏水液为一相、水为二相的双液浮选技术,主要分为两步:第一步是水中的煤颗粒移动到疏水液体,即用疏水液体将矿物表面的水置换出来,此过程可降低煤颗粒表面的水分,与此同时分散在水中的矿物颗粒（如黏土）将留在水相中,即本步骤可同时去除煤颗粒表面水和矿物质;第二步是将残留在煤表面的疏水液体通过蒸发进行完全回收,最终获得不含表面水和矿物杂质的煤颗粒。Honaker 等[81]采用辛基羟肟酸钾（KOHX）和山梨醇单油酸酯（SMO）分别作为一级和二级疏水剂对采自美国肯塔基州东部的火黏土浓密机底流样品进行HHS 试验,可获得最高稀土品位约为 17 500 μg/g 的精矿,富集比可达 53∶1。该工艺利用烃类油凝聚

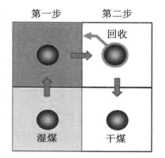

(a) 分离原理

(b) 验证装置

图 1-5　疏水-亲水分离
原理与验证装置

疏水颗粒,并通过相分离回收颗粒,能够有效分离粒径小于 1 μm 的颗粒并脱水。可见疏水-亲水分离工艺对煤及其副产物中稀土富集效果较好,富集比高,产品易于干燥,但是此技术目前仅局限于实验室应用阶段。

（6）离子交换法

煤中部分稀土元素以离子吸附的形式赋存在黏土矿物中,由于铵根离子具有较低的水化能,通常采用硫酸铵作为试剂,置换出黏土矿物中的稀土元素。Rozelle 等[92]收集了两种高灰煤,经过研磨后,采用离子交换法在常温条件下实现了 80% 稀土元素的提取。但是,在其他研究者的报告中[93-94],该方法只能实

现约 10％稀土元素的提取,这极有可能是因为稀土元素赋存特征或煤田地质成因条件不同。因此,离子交换法因稀土赋存的局限性,较难进行大规模运用。

（7）酸法浸出

通常认为,煤中稀土可以采用酸进行浸出。Laudal 等[95]成功利用 0.5 mol/L 的硫酸从褐煤中回收了近 90％的稀土,这也说明了褐煤中稀土元素极有可能赋存在有机质中。Honaker 团队[75,96-99]对烟煤中稀土元素酸浸过程进行了系统研究,发现经过洗选的煤泥(尾煤)等,更容易实现稀土的浸出。例如,通过硝酸浸出,经过洗选后 Fire Clay 煤泥实现了 83％稀土的浸出、West Kentucky 第 13 煤层的煤泥实现了约 30％稀土的浸出和 Lower Kittanning 煤泥实现了约 41％ 稀土的浸出。通过目前的研究可以发现,酸法浸出能够实现较为理想的稀土浸出率,是重要的潜在提取方法。

（8）碱溶预处理

碱溶的方法主要是针对煤中稀土矿物,采用 NaOH 等溶液将稀土矿物(REEPO$_4$)溶解,生产稀土氢氧化物,进而采用酸浸方法提取稀土。Yang[97]利用 8 mol/L 的 NaOH 溶液在 75 ℃条件下处理煤泥 2 h,而后采用硫酸实现了 75％稀土的浸出。Kuppusamy 等[100]设计了碱溶-酸浸提取煤中稀土元素的方法,如图 1-6 所示,经过碱溶后,灰分从 46％降到 14％,而后采用盐酸浸出可以实现轻稀土回收率为 96％,重稀土回收率为 76％。但是该方法会导致大量杂质与稀土一同浸出,造成后续纯化的困难,而且相对于煤中稀土的品位,药剂消耗是巨大的负担。

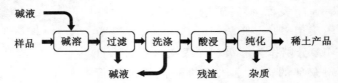

图 1-6　煤中稀土碱溶-酸浸回收工艺图

（9）热活化预处理

煤或煤矸石的热活化处理,通常又被称为焙烧,是一种提高煤中稀土浸出性的重要方式[101-102]。Zhang 等[102-104]将煤矸石在 700 ℃条件下焙烧半小时,而后采用 25％盐酸浸出煤矸石,稀土浸出率可以达到 88％。同时系统研究了不同焙烧条件对浸出率的影响以及浸出条件对浸出率的影响,发现降低酸的浓度(从 1.2 mol/L 到 0.06 mol/L),稀土浸出率仅仅略微降低,仍然可以达到 60％[101]。因此说明,热活化技术可以大幅度降低酸的消耗量。热活化的另外一个优点是可以降低浸出过程杂质的溶出。煤矸石中的黄铁矿在 400～500 ℃时转化为主要是赤铁矿的铁氧化物,赤铁矿结晶度随着温度升高而增加,导致铁的浸出率降低[101,105]。当温度继续上升,层状的黏土矿物,尤其是高岭土,将被破坏发生脱氢反应,生成更细的薄片,而增加比表面积,提高铝的浸出率,同时达到稀土最大浸出率的时间也大大缩短,可以降低浸出时间而避免铝的大量浸出。目前,此工艺已经在美国能源部资助下开展中试,具体过程如图1-7所示[86]。有关热活化机理,据推测有以下几点:① 黏土矿物层状结构破碎,增加比表面积;② 难溶稀土矿物的分解;③ 有机质中或包含其中的稀土组分得到释放,但是目前均缺乏直接证据证实[86,106-107]。除了以上优点,该方法也存在一定局限性,主要表现在重稀土浸出率未能提高或提高有限。

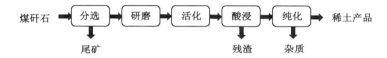

图1-7　西肯塔基煤中稀土元素回收工艺流程图

综上所述,研究者们已开始研究重选、磁选、浮选、X射线拣选、疏水-亲水分离等选矿方法来实现煤中稀土的富集,而后煤中稀土选矿预富集后的产品通常还需要通过酸浸、萃取、离子交换、沉淀等方法来进一步提取稀土元素[108-109]。目前美国研究者已建设并运行了两个方案的煤中稀土资源提取中试线(图1-8)[86,93,95],针

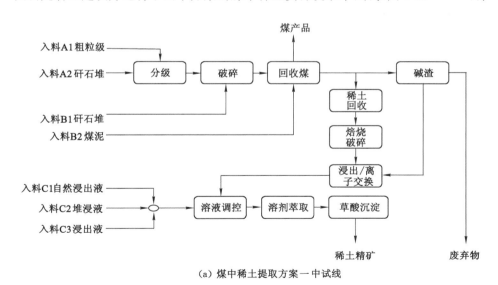

(a) 煤中稀土提取方案一中试线

图1-8　煤中稀土资源提取中试线流程图

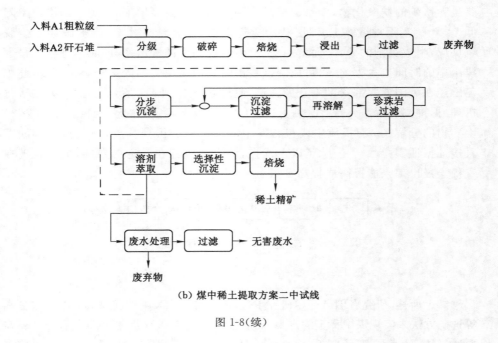

（b）煤中稀土提取方案二中试线

图 1-8（续）

对不同类型的煤系原料通过筛分、破碎、选矿、焙烧、浸出、离子交换、溶剂萃取、选择性沉淀等最终获得高品位的稀土氧化物混合物。

1.4 粉煤灰中稀土元素

1.4.1 粉煤灰中稀土元素的富集与分布

煤中稀土元素的赋存和组成极其复杂，不仅受到宏观地质背景的控制，而且成煤过程中微观环境的变化也对稀土元素的分布具有很大影响[52,110-111]，这造成了从煤中提取稀土元素的不便。相对来说，经过燃烧后得到的煤灰性质结构简单，在一定程度上实现了部分物质的均一化，更有利于煤中稀土元素的开发利用[112]。

煤灰中稀土元素的富集程度远大于其燃烧原煤中稀土元素的富集程度，这是煤炭燃烧后的必然现象[113]。煤的燃烧产物包括飞灰（粉煤灰）和底灰（炉渣），大多数情况下，稀土元素在粉煤灰中的富集程度均要高于底灰[114-116]。飞灰占据煤灰总排放量的 85%～95%，在飞灰中发现的重金属元素含量高于底灰，说明重金属在飞灰中富集[120-121]。姚多喜等[115]研究了来自我国西南地区的褐煤、无烟煤及肥煤燃烧产物中稀土元素的分布规律,发现粉煤灰中稀土元素对煤中稀土元素的含量比均远大于1(3.2~19.1),而且褐煤和无烟煤的飞灰中稀土元素含量超过底灰中的含量,而肥煤情况复杂,与燃烧条件有关。Pires 和 Querol[116]对来自巴西的煤炭样品进行分析,发现煤经过燃烧后,粉煤灰中的稀土元素富集两倍左右。Saikia 等[117-119]对印度东北部的煤炭样品进行了分析,发现粉煤灰中各种稀土元素含量远超原煤,富集了十几倍到上百倍。

由于燃烧条件下会发生复杂的化学反应变化,同时产生了大量的玻璃体,给粉煤灰中稀土元素赋存状态的研究造成了困难,为此部分科研人员进行了有益的探索。Hower 等[112,120]采用铈(Ce)作为代表,利用扫描电镜研究稀土元素存在形式,发现 Ce 被玻璃体包裹在里面,尤其是小颗粒玻璃体中。Dai 等[121]对准格尔电厂粉煤灰进行了扫描电镜观察,发现了载有稀土元素的方解石与碳酸钙存在一起。Smolka-Danielowska[122]在波兰某火电厂的粉煤灰中发现了独居石的存在,Kolker 等[123]使用 Stanford-USGS SHRIMP-RG 离子探针,对 19 处粉煤灰样品中稀土颗粒进行分析,证实了稀土存在于铝硅酸盐玻璃相中。图 1-9和图 1-10 列举了部分粉煤灰中稀土赋存载体形态。Hood 等[124]指出原有煤中稀土矿物,在燃烧过程中热冲击的作用下,都会变成纳米级颗粒,同样的,煤中稀土元素的赋存相也极有可能在热冲击的作用下变成纳米级颗粒。

Ribeiro 等[125]对葡萄牙热电厂的无烟煤粉煤灰的相分析表明,粉煤灰主要由玻璃相组成,其次是炭粉和结晶矿物。粉煤灰中无定形玻璃相是主要成分(60%~70%),其次是莫来石、石英和痕量磁赤铁矿,少量的高岭石和伊利石也常存在于其他粉煤灰中。Warren 和 Dudas 的研究结果[126]表明,稀土元素主要包含在飞灰的玻璃相中,在铁磁部分中含量较少。Kolker 等[123]运用 Stanford-USGS SHRIMP-RG 离子微探针确定了美国 19 个煤粉煤灰样品的粒度分布,在美国和国际煤炭粉煤灰样品中,铝和稀土元素含量有很强的正相关性,富含 Ca、Fe 的硅铝酸盐玻璃相具有比纯 Al-Si 玻璃相更高的稀土元素含量,但是在石英中高度贫化。Thompson[127]采用 SEM-EDS 观察到小颗粒的磷灰石、独居石或锆石作为游离矿物质颗粒或嵌布在无定形铝硅酸盐玻璃中,并且与含铁颗粒无关,这与之前的研究结果一致,即稀土元素赋存于非磁性颗粒中[128]。另外,还需要研究进一步的机械和化学分离方案,以从铝硅酸盐玻璃相中分离和回收稀土元素。

Lin 等[129]按特定比例在 1 550 ℃下制备玻璃结构,通过 FT-IR 和 ^{27}Al MAS-NMR 光谱分析研究铈铝硅酸盐玻璃相,结果表明,铈离子主要作为玻璃相的网络修饰离子。Al^{3+} 以四配位或六配位形式存在,且以六配位 $[AlO_6]^{9-}$ 存在的 Al^{3+} 含量相对较高,但随着铈铝硅酸盐中 Ce 含量的增加,四配位 $[AlO_4]^{5-}$ 的 Al^{3+} 含量也在增加,玻璃相结构更加稳定,强度更高。Aronne 等[128]通过

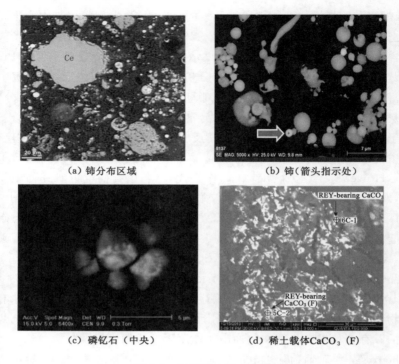

（a）铈分布区域　　　　　　　　　　（b）铈（箭头指示处）

（c）磷钇石（中央）　　　　　　　　（d）稀土载体CaCO₃（F）

图 1-9　粉煤灰中稀土分布

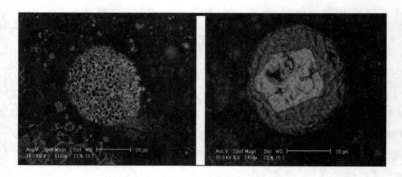

图 1-10　粉煤灰中独居石颗粒[64]

FT-IR 和 DTA 研究了镧铝硅酸盐玻璃相，也证实了这一点。Taggart 等[130]运用宏观和微观 XANES 分析了钇的形态特征，发现粉煤灰中存在钇的氧化物、碳酸盐、Y 掺杂的玻璃相。

　　Lange 等[131]用稀释的硫酸与硝酸，模仿酸雨（调整 pH 值）对粉煤灰的侵蚀，结果显示粉煤灰中稀土在弱酸性条件下没有显著的可浸出性。Hower

等[132]指出粉煤灰中稀土元素总的可浸出水平为 0.17 mg/kg。Georgakopoulos 等[133]通过对希腊北部电厂粉煤灰在纯水中振荡足够时间,考察到粉煤灰中各水溶性稀土元素含量范围在 0.01％～0.08％。这些研究[131-134]都说明粉煤灰中的稀土元素很难被释放出来。

1.4.2　粉煤灰中稀土元素检测技术

（1）预处理方法

对于固体粉煤灰中元素含量的测定,基于现有的测试手段水平还较难实现,还需要对固体样品进行预先处理,将其转成液体样品,再通过仪器测试定量分析。美国环保署（EPA）曾于 1998 年发布过一个关于煤及其产物消解的标准[135],我国在这一领域的行业标准则还未完善。常用的预处理消解方法有熔融法、溶解法、微波消解法等。

① 熔融法。2 份质量的氧化镁＋1 份质量的 Na_2CO_3 是熔融常用试剂。艾士卡试剂和粉煤灰在高温下熔融,铝硅酸盐在高温条件下发生化学反应生成易溶金属盐类,经过酸溶处理（HCl 溶液）,所要测试的元素从固相转移到液相中,经仪器测试即可。氢氧化钠熔融适用于煤及煤灰中钒和镓的测定,其他元素如 S、Cl、As、Se、Cu、Co、Ni、Zn 的测试采用艾士卡试剂熔融。熔融法可一次处理多个样品,时间大约 4～5 h,该方法对酸的消耗较少,但产生的钠盐等经酸处理转移到液相中,增加了基体复杂度,试剂的空白值相对较大。另外其残渣须过滤清洗,可能导致误差增大。

② 溶解法。溶解法运用特定试剂将固体样品的测量组分溶解到液相中,溶解成本较低,可溶解多个样品,但样品不能完全溶解,效率较低。硝酸、硫酸、盐酸、高氯酸、氟化氢等经常被作为溶解试剂,其中硫酸与硝酸可作为溶解样品所需的氧化剂,氢氟酸可分解样品中难溶的硅氧化物。针对的固体样品不同,酸的种类、用量亦不同。溶解法处理样品时不在封闭条件下进行,不仅由于样品污染、损失而产生系统误差,还会对环境与试验人员产生较大的危害。

③ 微波消解法。微波消解法[136]是利用微波产生交变磁场使介质分子极化,加快分子振动频率,使样品获得更高能量。采用微波消解仪,可以灵活设定各种参数,如温度、时间、工步等,且可以实时了解消解罐内部的温度及压强的变化。样品在消解过程中会因挥发作用造成样品间相互污染或实验室环境污染,采用密封消解罐的方式可有效解决这一问题,最大限度保证测量结果的准确性。微波密闭消解加热快、升温高,可快速达到高温高压状态,消解能力较强。因粉煤灰中稀土元素的含量微少,级别为 10^{-6} 级（ppm）,为防止引入杂质而产生严重的背景值使测量结果不准,试验过程中应使用去离子水或超纯水;另外,应注意消解基体复杂度的控制,并通过稀释定容,确定合理的测试范围。试验样品种

类不同,消解所用酸试剂也有所不同,一般消解煤及粉煤灰、矿石等,会使用硝酸(氧化剂)、氢氟酸(分解硅酸盐)。在消解过程中,氟离子与稀土离子会生成沉淀,使用 ICP-MS 测试稀土之前,要加入硼酸使得氟化物沉淀以分解[137]。

(2) 分析方法

煤及其副产品中的微量元素的测试主要有原子发射光谱(AES)、同位素稀释质谱法(IDMS)、中子活化分析(NAA)、火花源质谱、电感耦合等离子体原子发射光谱(ICP-AES)、电感耦合等离子体质谱(ICP-MS)。之前所采用的化学分析法、比色法等,目前已基本被各种仪器分析法取代。

① 原子发射光谱(AES)使样品通过电激发,测定元素的发射特征光谱,并将元素的标准图谱与测试结果进行对比,可判断物质组成、元素含量等,该方法属于半定量分析,精度较低。

② 同位素稀释质谱法(IDMS)[138]分析元素的速度慢,且成本较高,只能分析部分稀土元素(采用同位素较为昂贵)。

③ 中子活化分析(NAA)是利用低能量中子在照射固体样品的过程中,中子被捕捉形成的同位素具有放射性,通过检测射线种类和强度,从而获取元素含量。该方法可对固体样品进行直接测定,但其分析周期长且需要使用中子反应器,很难进行推广普及[139]。

④ 电感耦合等离子体质谱(ICP-MS)在元素分析的应用上表现优越,检测方法较为成熟简便,易于操作。ICP-MS 与 ICP-AES 相较而言,在测试的准确性及灵敏度方面较优,可检测更低浓度的微量元素。另外,煤及粉煤灰中的稀土元素在经过消解处理及稀释处理后,也可以运用该仪器测试出来,因此 ICP-MS 测试方法目前应用非常广泛[140]。

1.4.3 粉煤灰中稀土元素选矿富集方法

粉煤灰中各种颗粒根据密度、粒度、磁性和表面疏水性等性质的差异,可以分成不同组分,在不同组分中稀土元素的含量不尽相同,这就为粉煤灰中稀土元素物理分选富集提供了可能。稀土元素含量会随着粒度的降低而逐渐提高,该结论在许多国家(中国、美国、英国和波兰)的粉煤灰中得到了证实[64,77,112,141]。Hower 等[112]发现准格尔电厂粉煤灰中−500 目组分中稀土元素含量为 648 $\mu g/g$,是大于 120 目组分中稀土含量的 2 倍多。其原因可能是:① 细颗粒组分中玻璃相占比更高,而稀土微纳颗粒更易与玻璃体结合[121];② 原来有机质中的稀土元素在燃烧过程中挥发,进入细颗粒中[142-143];③ 原来有机质中的稀土元素燃烧后,容易生成细颗粒物质[142]。Blissett 等[77]通过对英国和波兰粉煤灰样进行粒度分级和磁性分级,发现稀土元素富集程度随着粒度的减小而增加,且存于非磁性小颗粒中。Lin 等[65]对美国粉煤灰进行了粒度分级和磁选,同样发现稀土元素存在于细颗粒的非磁性物质中,通过对两种粉煤灰进行多组浮沉试验,发现其稀土元素含量最高的密度级为 2.71～2.95 g/cm³ 和 2.45～2.71 g/cm³。Zhang 等[141]对粉煤灰进行了浮沉试验,发现大于 1.8 g/cm³ 组分中稀土元素含量(521 μg/g)大于浮物中(376 μg/g)。Wen 等[144]研究了粉煤灰浮选产品中稀土含量和浸出率,发现尾矿中稀土含量略高于原矿中含量,但是浸出率并无明显变化。多种选矿方法联合使用可以获得最佳效果,但使用的顺序却需要根据粉煤灰的性质进行确定[145],例如以图 1-11 所示两种方式。

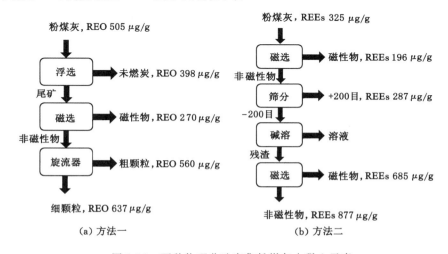

图 1-11 两种物理分选富集粉煤灰中稀土元素

1.4.4 粉煤灰中稀土元素化学提取方法

（1）预处理

粉煤灰中稀土元素主要赋存于铝硅酸盐玻璃相中,稳定的硅铝键是阻碍稀土提取的关键所在。研磨有利于破坏粉煤灰表层玻璃质的硅铝键,增加粉煤灰与浸出剂的反应面积,使反应活性增加,提高稀土的浸出性能。曹闪闪[146]考察了研磨时间和料球比对稀土元素浸出的影响,研磨时间为 10 min,料球比为1/8,可提高稀土元素的浸出率至 70% 以上。

化学活化是用碱溶剂与粉煤灰进行反应,破坏其 Si-O-Al 结构,将难溶物转化为可溶性铝硅酸盐或其他硅酸盐矿物,进一步提高稀土元素的浸出效果。在反应过程中,碱溶剂的种类、用量、温度等均对粉煤灰结构的破坏有影响。Na_2O_2 是美国地质调查局(USGS)常用于分析稀土元素的预处理添加剂。在此基础上,Taggart 等[147]考察了 Na_2O_2 破坏粉煤灰结构的效果,稀土元素的平均增溶率为 78.6%～112%。但汤梦成[148]发现使用 Na_2O_2 不利于 Ce 的浸出，可能由于 Ce 被氧化成高价。Taggart 等[147]、汤梦成[148]和 Mondal 等[149]用 NaOH 来分解铝硅酸盐结构，经高温熔融后，粉煤灰中硅、铝的化学和物理性质被激活，形成易溶的硅酸钠和铝酸钠，稀土元素的平均增溶率为 93.2%～108%。相对于以上两种碱熔剂来说，Na_2CO_3 也是较为常用的一种。单雪媛[150]用 Na_2CO_3 活化粉煤灰，使稀土元素的浸出率提高了 30.4%。汤梦成[148]发现 Na_2CO_3 做碱熔剂时，Y 比 La，Ce，Pr 和 Nd 的浸出效果更好，达 85.16%。Taggart 等[147]研究不同碱熔剂对稀土元素浸出效果的影响，发现 Na_2O_2 和 NaOH 的浸出效果优于 Na_2CO_3，在相同浸出效果时，Na_2CO_3 所需的碱熔温度要高一些。由上可知，优先考虑 NaOH 和 Na_2O_2 做碱熔剂，且二者对粉煤灰破坏效果相差不大，但 NaOH 比 Na_2O_2 更容易获得，所以使用 NaOH 进行粉煤灰活化会更加经济有效。以 NaOH 为例，Taggart 等[147]考察了碱熔温度和碱熔剂的用量对稀土元素浸出效果的影响，其碱熔温度最佳范围是 250～350 ℃，碱熔剂与粉煤灰比例是 0.5∶1～1∶1。上述碱熔试验不仅有效破坏粉煤灰的稳定结构，还可去除粉煤灰中的未燃炭和易分解矿物，在后续的酸浸过程有利于提高稀土元素的浸出效果。

（2）浸出试验

从粉煤灰中提取稀土元素主要采用酸浸、酸碱交替（联合）和生物浸出等方法，再加以微波、超声波和搅拌等辅助手段提高稀土元素的浸出效果。酸浸过程中，粉煤灰中的稀土氧化物和碳酸盐类在 pH 值为 5.5～4 时溶解；磷灰石在 pH 值为 3.5～2 时溶解；当 pH 值小于 1.5 时，含稀土元素的磷酸盐类和赤铁矿发生溶解；但锆石与铝硅酸盐玻璃相一般不会发生溶解[151]，直接酸浸稀土元素的浸出率小于 50%[147]，因此进行酸浸的粉煤灰大都要经过碱熔处理。汤梦成[148]和曹闪闪[146]考察了 HCl，H_2SO_4 和 HNO_3 对稀土元素浸出率的影响，相同酸浓度下，盐酸的浸出效果优于硫酸和硝酸，这是因为溶液中的阴离子作用于硅铝键，Cl^- 半径较小且电子密度较大，容易破坏铝氧结构；而硫酸中的 SO_4^{2-} 可能与 Ca^{2+} 发生沉淀，覆盖在粉煤灰表面，阻碍硫酸与粉煤灰的接触面积，降低浸出率[152]。Taggart 等[153]用热浓 HNO_3 浸出粉煤灰中的稀土元素，其浸出率达 70%。虽然 HF 和 HNO_3 混合浸出更容易破坏 SiO_2 等不溶固体结构[154]，但浸出液的 pH 值极低，Ca^{2+}，Si^{4+}，Al^{3+}，Fe^{3+} 等杂质混合在其中，要比稀土元素含量高得多，而 HF 与稀土元素可能生成沉淀，降低稀土元素的浸出率[155]。酸碱交替（联合）浸出法[149,156]主要是用 NaOH 溶液溶解粉煤灰中的玻璃相并去除铁、钙、镁得到含稀土的膏状物，再用 HCl 将其溶解。单雪媛[150]、Wang 等[157]和曹闪闪[146]用 NaOH 和 HCl 酸碱交替法浸出稀土元素，其浸出率分别为

64.6％,88.15％和 95.29％。

为了避免用于金属浸出的有毒化学物质造成环境污染,人们研究了生物浸出技术,被证明是可行的。Park 和 Liang[158]利用 *Candida bombicola*,*Phanerochaetechrysosporium* 和 *Cryptococcus curvatus* 这 3 种微生物分泌的有机酸从粉煤灰中浸出稀土元素,其中 *Candida bombicola* 的浸出效果最好,浸出率为 Yb 67.7％,Er 64.6％,Sc 63.0％,Y 62.2％,但对于 La,Ce,Pr 和 Nd 的浸出率仅为 28.1％～30.7％。Muravyov 等[159]通过嗜酸的化学营养型微生物群落孵育,从俄罗斯煤灰中分别浸出了 Sc(52％),Y(52.6％)和 La(59.5％)。

浸出过程中,酸(碱)浓度、固液比、浸出时间、温度以及粉煤灰的类型等影响稀土元素的浸出率。Lin 等[156]考察了 NaOH 对粉煤灰处理的最佳条件是:NaOH 浓度 5 mol/L,固液比为 1/20,在 100 ℃下浸出 120 min,固体残渣中的稀土元素显著富集,为 803 $\mu g/g$。曹闪闪[146]研究发现 HCl 浓度为 3 mol/L、固液比为 1/10、在 60 ℃下浸出 120 min,La,Ce 和 Nd 的浸出率分别为 71.9％,66.0％和 61.9％。不同锅炉类型产生的粉煤灰稀土浸出的难易程度也不同:循环流化床(CFB)粉煤灰表面疏松,呈不规则结构,导致粉煤灰活性高,直接酸浸效果好[160];煤粉炉(PC)产生的粉煤灰表面光滑,呈玻璃质微珠,导致其活性降低。单雪媛[150]运用酸碱交替浸出方法对 CFB 和 PC 粉煤灰进行对比实验,CFB 的稀土元素浸出率为 64.6％,而 PC 的稀土元素浸出率仅为 24.9％。

微波、超声波和搅拌等辅助浸出技术可以提高稀土元素的浸出效果。微波加热能提高反应物分子的内能,降低反应活化能,从而加快稀土元素的浸出速率,同时比传统水浴加热更能减少能耗[161]。超声波和增加搅拌速度使粉煤灰颗粒更均匀地分散于浸出剂中,增强离子传质作用,加快反应速率,从而强化稀土元素的浸出[146]。Li 等[162-163]研究压力酸浸对高铝粉煤灰中 Al,Li 浸出率的影响,发现加压条件下其浸出率可提升两倍,说明在酸浸时增大压力可能提高稀土元素的浸出率。Chen 等[164]采用微波辅助浸出的方式,稀土浸出率达到了75％,其中轻稀土浸出率为87％,但重稀土只有35％。粉煤灰颗粒大部分是硅铝酸盐玻璃相微珠,稀土元素浸出的动力学模型符合收缩核模型,且浸出过程更符合化学控制[148,152]。如果浸出动力学过程分为粉煤灰颗粒的化学控制和扩散控制过程,收缩核模型的方程为[165]:

$$1 - \frac{1}{3}(1-\alpha) = k_1 t \tag{1-2}$$

$$1 - \frac{2}{3}\alpha - \frac{2}{3}(1-\alpha) = k_2 t \tag{1-3}$$

式中　α——浸出效率,％;

t——浸出时间，min；

k_1,k_2——扩散和化学控制过程的速率常数。

由此可知，粉煤灰中稀土元素的浸出效果受浸出方法、浸出剂、浸出时间、温度以及粉煤灰类型影响，最有效的浸出剂是 NaOH 和 HCl 溶液，其浸出动力学主要受化学控制。在后续的研究中，应该针对不同类型的粉煤灰制定相应的浸出工艺，使稀土元素的浸出率最大。

（3）提取试验

① 沉淀法。沉淀法是在含稀土元素浸出液中加入一种沉淀剂（如碳酸盐、草酸盐），与不同稀土离子发生络合或者调节 pH 值生成稀土沉淀，从而达到分离稀土离子的目的[166]。1986 年，贺伦燕和冯天泽[167]进行了碳酸氢铵沉淀稀土矿的试验，之后稀土分离厂基本用碳酸氢铵沉淀稀土元素，但此方法会产生大量的氯化铵废水。Josso 等[168]使用草酸盐从酸浸液中沉淀稀土元素，在 pH 值为 1～2 沉淀的稀土元素含量占总稀土的 96％以上，并运用形态建模软件（PHREEQC）表明相同的稀土元素浓度下，草酸盐析出稀土元素含量的顺序为中稀土＞轻稀土≫重稀土。邵培[169]用草酸从粉煤灰中浸出富集得到稀土沉淀，其残留系数为 95.78％。上述方法虽然具有操作方便的优点，但产品纯度低、产生工业废水，并且只能得到混合稀土化合物。

为了提高稀土产品的纯度并得到单个稀土化合物，可采用选择性沉淀的方法。Zhang 和 Honaker[170]利用简单调节 pH 值沉淀和过滤的方法，在去除浸出液中杂质离子的基础上，选择性回收稀土化合物，除 Sc 外，大部分的稀土元素都集中在 pH 值为 4.56～6.79 的沉淀物中，回收率为 70％，而 pH 值为 4.56～9.61 时回收率为 90％，此范围可作为稀土元素的预富集。在酸性较强的环境中，Fe 和 Al 优先析出，pH 值分别为 2.70～3.44 和 3.44～4.56 时会发生沉淀。若直接调节 pH 值去除 Fe 和 Al 杂质的话，当 pH 值为 6.27 时，Al 会完全沉淀，但 25.4％的稀土元素也会沉淀，造成部分稀土元素的流失。因此采用分阶段选择性沉淀的方法来去除杂质，调节 pH 值为 2.70～3.44 时去除 Fe，然后调节 pH 值为 3.44～4.56 时去除 Al，最后调节 pH 值沉淀回收稀土元素，其回收最大值为 95％[170]。值得一提的是，对粉煤灰进行磁选可有效减少浸出液中 Fe 的含量。

② 溶剂萃取法。溶剂萃取法又称为液液萃取，主要运用溶质在两种互不相溶的溶剂中溶解度不同达到分离稀土的目的[166]。溶剂萃取法可根据反应类型分为阳离子交换型、溶剂化型和阴离子交换型萃取剂[171]，由于浸出液是酸性的，人们大多数选择阳离子交换型萃取剂来回收稀土。其原理为：

$$REE^{3+}(aq)+3HA(org) \Longleftrightarrow REEA_3(org)+3H^+(aq) \qquad (1\text{-}4)$$

其中,HA 代表有机酸,A 代表有机阴离子。

　　一般来说,实际过程比式(1-4)更复杂,酸性萃取剂通常在非极性有机溶液中聚集成二聚体或较大的低聚物从而降低其极性,萃取时形成的稀土络合物可能含有未离解的有机酸,更加准确的反应机制为:

$$REE^{3+}(aq) + 3H_2A_2(org) \Longrightarrow REE(HA_2)_3(org) + 3H^+(aq) \qquad (1-5)$$

其中,H_2A_2 代表有机酸的二聚体形式。

　　阳离子交换型比中性和阴离子交换型对稀土离子具有更高的选择性[171],但阳离子交换型萃取剂的反应化学需求更大,主要是因为在萃取过程中需要碱性溶液驱动反应进行,萃取后用酸洗涤有机-稀土相以达到分离稀土元素的效果,这一萃取-分离过程需要消耗较多的酸碱溶液。由于稀土元素的"镧系收缩"现象极大地影响了稀土离子的络合能力,离子半径较小的重稀土更能形成稳定的萃取物,而从有机相中完全剥离重稀土变得更加困难,可能需要更多的酸[172]。因此需要合理地选择溶剂来萃取稀土以降低试剂的消耗和成本。

　　萃取剂与浸出液中不同离子形成的络合物稳定性不同,导致萃取效果不同,从而达到净化与提取的目的。Huang 等[154]考察了[N1888]Cl,[P6,6,6,14]Cl,[P6,6,6,14][SOPAA]和[P1888][SOPAA]4 种溶剂对稀土元素的萃取效果,其中[P1888][SOPAA]与[N1888]Cl 对浸出液中 Fe^{3+},Al^{3+} 和 Ca^{2+} 杂质的去除效果最佳。其稀土元素的回收过程为:使用[P1888][SOPAA]和[N1888]Cl 对浸出液分别进行纯化除杂,再用 NH_4HCO_3 进一步脱除 Fe^{3+},Al^{3+},Ca^{2+},最后用草酸沉淀得到稀土氧化物。需要注意的是利用碳酸氢铵或氢氧化钠去除 Fe 和 Al 杂质时,会造成 5% 的稀土损失[172]。吉万顺等[173]考察了二磷酸酯(2-乙基己基)(P204),2-乙基己基磷酸单 2-乙基己基酯(P507)两种萃取剂对粉煤灰浸出液中 Y 的协同萃取效果,结果表明在协同萃取体系下 Y 与 La,Ce,Pr,Nd 的萃取效果均优于 P204,P507 单一溶剂的萃取效果。

　　若萃取过程中每次都添加新鲜的有机溶剂,不仅会造成资源的浪费,还会产生大量废弃有机溶剂污染环境,因此董秋实[166]使用 Cyanex272 在选取最佳的实验条件下进行了 3 级逆流串级萃取。La 在萃余液中富集,其回收率为 86%,纯度达 90%。再用 0.25 mol/L 的盐酸反萃,反萃率高达 99%。多次循环萃取后,当萃取率降低时,只需加入少量的新鲜萃取剂即可。综上所述,溶剂萃取法的主要优点是可连续操作、有效分离和易于自动控制。

　　③ 浸渍树脂法。浸渍树脂法是基于离子交换和溶剂萃取技术相结合的分离工艺,将有机溶剂浸渍到多孔树脂的空隙中,被用来生产高纯度的单一稀土溶液或化合物。二甘醇酰胺(TEHDGA)是一种已知的用于从酸性核废料溶液中分离三价镧系元素的商业萃取剂。Mondal 等[149]先去除 XAD-7 树脂中有机和

无机的杂质,再用 TEHDGA 溶剂浸渍 XAD-7 树脂吸附稀土元素,再用 0.01 mol/L 的 HNO₃ 溶液洗脱稀土元素,循环吸收了 10 次,仍保留了较好的吸附和洗脱性能。所有稀土元素的吸附和洗脱行为都不相同,其中重稀土萃取效果较好,但洗脱效果很差。这是由于在 TEHDGA 树脂柱中,稀土离子与 TEHDGA 的静电相互作用的电荷密度随原子序数的增加而增加,导致两者之间的络合物更加稳定[149]。董秋实[166]采用 C272 浸渍树脂法从粉煤灰酸性浸出液中分离 La,考察了浸出液流速、淋洗装柱高度、淋洗液浓度、淋洗液流速和稀土负载量对分离效果的影响,La 的回收率为 90%,纯度可达 95% 以上。此方法的经济可行性取决于吸附剂的多次吸附和洗脱循环的再生能力,而树脂又具有高稳定性和可回收性的特点,因此浸渍树脂工艺过程具有简单、效率高、成本低等优点,且优于串级萃取工艺[166]。

④ 膜分离法。液膜法利用非水溶剂和螯合剂,将渗滤液和酸性剥离剂物理分离,同时回收稀土元素。Smith 等[174]研究了液乳膜(LEM)和支撑液膜(SLM)两种液膜工艺,对粉煤灰浸出液中稀土元素的选择性回收进行了比较,结果表明 SLM 法对较重稀土的选择性较强,而 LEM 法对较轻稀土的选择性较强。液膜工艺的稀土元素萃取速率受 SLM 中溶剂螯合物与稀土元素亲和力的限制,而通过 LEM 的稀土元素分离速率受液膜扩散性质的限制[174]。由于稀土元素的提取和剥离都在同一步骤,与标准溶剂萃取法相比,液膜法的优点是选择性高、生产流程简单,最大限度地增大了稀土元素的传质界面面积,同时减少了非水溶剂和螯合剂的用量[174]。但是液膜的不稳定影响了其大规模生产,而目前液膜也只是用于混合稀土元素的富集,在分离单一稀土方面还需大量研究。

纳滤膜法(NF)是集反渗透和超滤于一体的压力驱动膜工艺,与支撑液膜相比不使用螯合剂,可以去除复杂工艺流程中的低浓度多价溶质[175]。Murthy 和 Gaikwad[176]利用 NF 从酸性浸出液中分离 Pu^{3+},其分离效果为 89%。在粉煤灰酸性浸出液的条件下,NF 有助于将一价离子(NO_3^-,Cl^-,Na^+)与 REE^{3+} 分离开,但不一定能将其他主要离子(Al^{3+},Ca^{2+},Fe^{3+})分离[72]。利用微滤膜(MF)预处理分离部分主要元素,再用 NF 工艺富集稀土效果最佳[177]。此方法的回收效果取决于膜的渗透通量,虽然可以达到较高的回收效果,但产品的纯度有待提高。

⑤ 生物吸附法。生物吸附机制是生物吸附剂表面的碳酸盐离子与溶液中离子之间的静电相互作用以及对羰基官能团的吸附作用。Ponou 等[178]采用 450 ℃碳化后的银杏叶(GL450)做吸附剂,从氯化稀土溶液中提取稀土元素,探讨了 pH 值、吸附时间、解吸过程对 Er 离子选择性回收的影响,机制如下:

$$CaCO_3 \longrightarrow Ca^{2+} + CO_3^{2-} \tag{1-6}$$

$$3CO_3^{2-} + 2Er^{3+} \longrightarrow (3CO_3^{2-}, 2Er^{3+}) \tag{1-7}$$

研究表明在 pH 值为 3,时间为 900 s 时 Er 的吸附率可达 95%,但 La 和 Ce 的吸附率很低,因此可以使用 GL450 选择性地回收重稀土和轻稀土。在 pH 值为 1~2 范围内稀土元素的吸附率较低,可能是由于生物吸收位点与 H^+ 质子化。由于相同正离子之间产生的斥力,大多数结合位点被占据,稀土阳离子无法与水合氢离子竞争[179]。但随着 pH 值的升高,表面正电荷减少,导致 GL450 表面正电荷稀土离子可以与碳酸根离子之间相互作用。解吸过程中,在 HCl 浓度、温度和时间相同的条件下,La 和 Ce 离子不容易释放,Er 离子的脱附率可达 99.2%,表明可以选择性回收 Er 离子[178]。解吸过程的目的是减少对生物吸附剂的用量,降低操作成本,其脱附率越高,生物吸附法的提取效果越好。生物吸附法相对于其他回收稀土的方法来说更加环保,但能否工业化应用还需进一步研究。

参考文献

[1] 张博,宁阳坤,曹飞,等. 世界稀土资源现状[J]. 矿产综合利用,2018(4):7-12.

[2] KIM E,OSSEO-ASARE K. Aqueous stability of thorium and rare earth metals in monazite hydrometallurgy:Eh-pH diagrams for the systems Th-、Ce-,La-,Nd-(PO$_4$)-(SO$_4$)-H$_2$O at 25 ℃[J]. Hydrometallurgy,2012,113/114:67-78.

[3] ABREU R D,MORAIS C A. Study on separation of heavy rare earth elements by solvent extraction with organophosphorus acids and amine reagents[J]. Minerals Engineering,2014,61:82-87.

[4] 韦世强,张亮玖,杨金涛,等. 新形势下全球稀土供需结构的变化及我国稀土开发模式的探讨[J]. 稀有金属与硬质合金,2018,46(4):32-36.

[5] 刘云云. 基于环境规制视角的中国稀土产业生态效率研究[D]. 包头:内蒙古科技大学,2019.

[6] The U. S. Department of Energy. The rare earth elements & critical materials program,2020[R/OL]. [2021-03-04]. https://www. netl. doe. gov/resource-sustainability/critical-minerals-and-materials.

[7] LEI X F,QI G X,SUN Y L,et al. Removal of uranium and gross radioactivity from coal bottom ash by CaCl$_2$ roasting followed by HNO$_3$ leaching[J]. Journal of Hazardous Materials,2014,276:346-352.

[8] 袁鹏. 我国粉煤灰综合利用现状及发展趋势[J]. 福建建材,2022(7):

116-118.

[9] 徐硕,杨金林,马少健.粉煤灰综合利用研究进展[J].矿产保护与利用,
2021,41(3):104-111.

[10] 中国粉煤灰综合利用正全面发展:粉煤灰材料分会 2020 年度行业发展报
告[J].混凝土世界,2021(10):28-29.

[11] 中经智盛研究院.我国粉煤灰综合利用量约 5.07 亿吨[EB/OL].[2022-
01-06]. https://www.sohu.com/a/602491878_121331963.

[12] DAI S F,XIE P P,JIA S H,et al. Enrichment of U-Re-V-Cr-Se and rare
earth elements in the Late Permian coals of the Moxinpo Coalfield,
Chongqing, China: genetic implications from geochemical and
mineralogical data[J]. Ore Geology Reviews,2017,80:1-17.

[13] 杨星,呼文奎,贾飞云,等.粉煤灰的综合利用技术研究进展[J].能源与环
境,2018(4):55-57.

[14] 张金山,李彦鑫,曹永丹.粉煤灰的综合利用现状及存在问题浅析[J].矿产
综合利用,2017(5):22-26.

[15] 陈胜,于敦喜,吴建群,等.新疆高钙煤混烧对灰中含钙矿物熔融特性影响
[J].化工学报,2020,71(9):4260-4269.

[16] PAN J H,LONG X,ZHANG L,et al. The discrepancy between coal ash
from muffle, circulating fluidized bed (CFB), and pulverized coal (PC)
furnaces,with a focus on the recovery of iron and rare earth elements[J].
Materials,2022,15(23):8494.

[17] 胡振琪,戚家忠,司继涛.不同复垦时间的粉煤灰充填复垦土壤重金属污染
与评价[J].农业工程学报,2003,19(2):214-218.

[18] 王观鹏,晋腾超.粉煤灰的综合利用现状[J].环境保护与循环经济,2014,
34(12):25-29.

[19] 吴韩.粉煤灰在建筑材料中的应用[J].中国建材科技,2010,19(4):63-67.

[20] 徐夷,袁端锋,董文武.粉煤灰综合利用浅谈[J].中国井矿盐,2010,41(1):
29-32.

[21] 毕进红,刘明华.粉煤灰资源综合利用[M].北京:化学工业出版社,2018.

[22] 杨静,马丽萍,李建锋,等.粉煤灰制备耐火材料最佳烧结温度的探究[J].
硅酸盐通报,2017,36(4):1303-1308.

[23] 阎存仙,周红,李世雄.粉煤灰对染料废水的脱色研究[J].环境污染与防
治,2000,22(5):3-5.

[24] 孔祥祯,邵园园,孔波,等.电厂粉煤灰湿法选碳回收及再利用[C]//中国工

业固废综合利用产业联盟第四次代表大会暨工业固废综合利用产业体系建立和企业创新发展转型升级研讨会. 中国工业固废综合利用产业联盟, 粉煤灰综合利用网, 2013.

[25] 张宇娟, 张永锋, 孙俊民, 等. 高铝粉煤灰提取氧化铝工艺研究进展[J]. 现代化工, 2022, 42(1): 66-70.

[26] 李会泉, 张建波, 王晨晔, 等. 高铝粉煤灰伴生资源清洁循环利用技术的构建与研究进展[J]. 洁净煤技术, 2018, 24(2): 1-8.

[27] XU H Q, LIU C L, MI X, et al. Extraction of lithium from coal fly ash by low-temperature ammonium fluoride activation-assisted leaching[J]. Separation and Purification Technology, 2021, 279: 119757.

[28] DAI S F, FINKELMAN R B. Coal as a promising source of critical elements: progress and future prospects[J]. International Journal of Coal Geology, 2018, 186: 155-164.

[29] DAI S F, GRAHAM I T, WARD C R. A review of anomalous rare earth elements and yttrium in coal[J]. International Journal of Coal Geology, 2016, 159: 82-95.

[30] KETRIS M P, YUDOVICH Y E. Estimations of clarkes for Carbonaceous biolithes: world averages for trace element contents in black shales and coals[J]. International Journal of Coal Geology, 2009, 78(2): 135-148.

[31] TAYLOR S R, MCLENNAN S M. The continental crust its composition and evolution[J]. Journal of Geology, 1985, 94(4): 57-72.

[32] FINKELMAN R B. In organic geochemistry: trace and minor elements in coal[M]. New York: Plenum Press, 1993.

[33] DAI S F, LI D C, CHOU C L, et al. Mineralogy and geochemistry of boehmite-rich coals: new insights from the Haerwusu Surface Mine, Jungar Coalfield, Inner Mongolia, China[J]. International Journal of Coal Geology, 2008, 74(3/4): 185-202.

[34] 唐修义, 黄文辉. 中国煤中微量元素[M]. 北京: 商务印书馆, 2004.

[35] HU J, ZHENG B S, FINKELMAN R, et al. Concentration and distribution of sixty-one elements in coals from DPR Korea[J]. Fuel, 2006, 85(5/6): 679-688.

[36] KARAYIGIT A I, GAYER R A, QUEROL X, et al. Contents of major and trace elements in feed coals from Turkish coal-fired power plants[J]. International Journal of Coal Geology, 2000, 44(2): 169-184.

［37］代世峰,任德贻,周义平,等.煤型稀有金属矿床:成因类型、赋存状态和利用评价［J］.煤炭学报,2014,39(8):1707-1715.

［38］DAI S F,LUO Y B,SEREDIN V V,et al. Revisiting the Late Permian coal from the Huayingshan,Sichuan,southwestern China:enrichment and occurrence modes of minerals and trace elements［J］. International Journal of Coal Geology,2014,122:110-128.

［39］DAI S F,LIU J J,WARD C R,et al. Mineralogical and geochemical compositions of Late Permian coals and host rocks from the Guxu Coalfield,Sichuan Province,China,with emphasis on enrichment of rare metals［J］. International Journal of Coal Geology,2016,166:71-95.

［40］ZHANG W C,REZAEE M,BHAGAVATULA A,et al. A review of the occurrence and promising recovery methods of rare earth elements from coal and coal by-products［J］. International Journal of Coal Preparation and Utilization,2015,35(6):295-330.

［41］宁树正,黄少青,朱士飞,等.中国煤中金属元素成矿区带［J］.科学通报,2019,64(24):2501-2513.

［42］SEREDIN V V,DAI S F. Coal deposits as potential alternative sources for lanthanides and yttrium［J］. International Journal of Coal Geology,2012,94:67-93.

［43］杨梅.淮南煤田(以朱集矿为例)侵入岩和煤中稀土元素地球化学特征［D］.合肥:中国科学技术大学,2012.

［44］邵靖邦,曾凡桂,王宇林,等.平庄煤田煤中稀土元素地球化学特征［J］.煤田地质与勘探,1997,25(4):13-15.

［45］QI H W,HU R A,ZHANG Q. REE Geochemistry of the Cretaceous lignite from Wulantuga Germanium Deposit, Inner Mongolia, Northeastern China［J］. International Journal of Coal Geology,2007,71(2/3):329-344.

［46］ESKENAZY G M. Rare earth elements in a sampled coal from the Pirin deposit,Bulgaria［J］. International Journal of Coal Geology,1987,7(3):301-314.

［47］ESKENAZY G M. Aspects of the geochemistry of rare earth elements in coal:an experimental approach［J］. International Journal of Coal Geology,1999,38(3/4):285-295.

［48］戚华文,胡瑞忠,苏文超,等.临沧锗矿褐煤的稀土元素地球化学［J］.地球

化学,2002,31(3):300-308.

[49] 代世峰,任德贻,李生盛. 华北若干晚古生代煤中稀土元素的赋存特征[J]. 地球学报,2003,24(3):273-278.

[50] BIRK D, WHITE J C. Rare earth elements in bituminous coals and underclays of the Sydney Basin, Nova Scotia:element sites, distribution, mineralogy[J]. International Journal of Coal Geology,1991,19(1/2/3/4):219-251.

[51] FINKELMAN R B, STANTON R. Identification and significance of accessory minerals from a bituminous coal[J]. Fuel, 1978, 57 (12):763-768.

[52] WANG W F, QIN Y, SANG S X, et al. Geochemistry of rare earth elements in a marine influenced coal and its organic solvent extracts from the Antaibao mining district, Shanxi, China[J]. International Journal of Coal Geology,2008,76(4):309-317.

[53] SEREDIN V V. Rare earth element-bearing coals from the Russian Far East deposits[J]. International Journal of Coal Geology,1996,30(1/2):101-129.

[54] HOWER J C, RUPPERT L F, EBLE C F. Lanthanide, yttrium, and zirconium anomalies in the Fire Clay coal bed, Eastern Kentucky[J]. International Journal of Coal Geology,1999,39(1/2/3):141-153.

[55] SEREDIN V V, FINKELMAN R B. Metalliferous coals:a review of the main genetic and geochemical types[J]. International Journal of Coal Geology,2008,76(4):253-289.

[56] SEREDIN V V, DAI S F, SUN Y Z, et al. Coal deposits as promising sources of rare metals for alternative power and energy-efficient technologies[J]. Applied Geochemistry,2013,31:1-11.

[57] DAI S F, ZHOU Y P, ZHANG M Q, et al. A new type of Nb (Ta)-Zr (Hf)-REE-Ga polymetallic deposit in the Late Permian coal-bearing strata, eastern Yunnan, southwestern China:possible economic significance and genetic implications[J]. International Journal of Coal Geology,2010,83(1):55-63.

[58] DAI S F, ZHANG W G, WARD C R, et al. Mineralogical and geochemical anomalies of Late Permian coals from the Fusui Coalfield, Guangxi Province, Southern China:influences of terrigenous materials and

hydrothermal fluids[J]. International Journal of Coal Geology,2013,105：
60-84.

[59] ZHAO L,SUN J H,GUO W M,et al. Mineralogy of the Pennsylvanian coal seam in the Datanhao Mine,Daqingshan Coalfield,Inner Mongolia, China：genetic implications for mineral matter in coal deposited in an intermontane basin[J]. International Journal of Coal Geology,2016,167： 201-214.

[60] ZHENG L Q,LIU G J,CHOU C L,et al. Geochemistry of rare earth elements in Permian coals from the Huaibei Coalfield,China[J]. Journal of Asian Earth Sciences,2007,31(2):167-176.

[61] DAI S F,WANG X B,CHEN W M,et al. A high-pyrite semianthracite of Late Permian age in the Songzao Coalfield, southwestern China： Mineralogical and geochemical relations with underlying mafic tuffs[J]. International Journal of Coal Geology,2010,83(4):430-445.

[62] ESKENAZY G M. Trace elements geochemistry of the Dobrudza coal basin,Bulgaria[J]. International Journal of Coal Geology, 2009, 78(3): 192-200.

[63] CHEN H W. Rare earth elements（REEs）in the late carboniferous coal from the Heidaigou Mine,Inner Mongolia,China[J]. Energy Exploration & Exploitation,2007,25(3):185-194.

[64] DAI S F,YAN X Y,WARD C R,et al. Valuable elements in Chinese coals:areview[J]. International Geology Review,2018,60(5/6):590-620.

[65] LIN R H,HOWARD B H,ROTH E A,et al. Enrichment of rare earth elements from coal and coal by-products by physical separations[J]. Fuel, 2017,200:506-520.

[66] 代世峰,任德贻,李生盛. 煤及顶板中稀土元素赋存状态及逐级化学提取 [J]. 中国矿业大学学报,2002,31(5):349-353.

[67] FINKELMAN R B. Origin,occurrence,and distribution of the inorganic constituents in low-rank coals[C]//Proceedings of the Basic Coal Science Workshop. Houston:US Department of Energy,1982:69-90.

[68] FU X G,WANG J,ZENG Y H,et al. REE geochemistry of marine oil shale from the Changshe Mountain area, northern Tibet, China [J]. International Journal of Coal Geology,2010,81(3):191-199.

[69] ETERIGHO-IKELEGBE O,HARRAR H,BADA S. Rare earth elements

from coal and coal discard: a review[J]. Minerals Engineering, 2021, 173:107187.

[70] 李梦闪,黄伟欣,张臻悦,等. 煤及其副产物中稀土元素的赋存特征与选矿富集研究进展[J]. 有色金属(选矿部分),2021(6):61-81.

[71] 熊述清. 四川某地稀土矿重浮联合选矿试验研究[J]. 矿产综合利用,2002(5):3-6.

[72] ZHANG W C,NOBLE A,YANG X B,et al. A comprehensive review of rare earth elements recovery from coal-related materials[J]. Minerals, 2020,10(5):451.

[73] HONAKER R,GROPPO J,BHAGAVATULA A,et al. Recovery of rare earth minerals and elements from coal and coal byproducts [C]. International Conference of Coal Preparation,Louisville,Kentucky,2016.

[74] HONAKER R, HOWER J, EBLE C, et al. Laboratory and bench-scale testing for rare earth elements[R/OL]. (2020-5-6)[2014-12-30]. https://www. researchgate. net/publication/297118790.

[75] ZHANG W C, YANG X B, HONAKER R Q. Association characteristic study and preliminary recovery investigation of rare earth elements from Fire Clay seam coal middlings[J]. Fuel,2018,215:551-560.

[76] ZHANG W C,GROPPO J, HONAKER R. Ash Beneficiation for REE Recovery[C]. Nashville,TN:World of Coal Ash Conference,2015.

[77] BLISSETT R S,SMALLEY N,ROWSON N A. An investigation into six coal fly ashes from the United Kingdom and Poland to evaluate rare earth element content[J]. Fuel,2014,119:236-239.

[78] 曹惠昌. 稀土矿分选工艺及浮选药剂研究进展[J]. 矿产保护与利用,2017(3):100-105.

[79] 彭蓉,魏志聪,刘洋,等. 大陆槽难选稀土矿选矿试验研究[J]. 有色金属工程,2021,11(1):73-83.

[80] GUPTA N, LI B, LUTTRELL G, et al. Hydrophobic-Hydrophilic Separation (HHS) [C]//Process for the recovery and dewatering of ultrafine coal. 2016 SME Annual Meeting,2016.

[81] HONAKER R Q,GROPPO J,YOON R H,et al. Process evaluation and flowsheet development for the recovery of rare earth elements from coal and associated byproducts [J]. Minerals & Metallurgical Processing, 2017,34(3):107-115.

［82］ ZHANG W, HONAKER R, GROPPO J. Concentration of rare earth minerals from coal by froth flotation［J］. Minerals & Metallurgical Processing,2017,34(3):132-137.

［83］第旺平,吴志虎.智能光电选矿预选抛废技术研究及应用[J].有色金属(选矿部分),2021(1):117-121.

［84］吴志虎.矿石预选抛废技术与智能光电选矿设备选型要点[J].世界有色金属,2020(16):202-205.

［85］高航,王建英,张雪峰,等.双能 X 射线透射矿物识别系统图像处理设计[J].有色金属(选矿部分),2021(1):101-106.

［86］ HONAKER R Q, ZHANG W, WERNER J, et al. Enhancement of a process flowsheet for recovering and concentrating critical materials from bituminous coal sources［J］. Mining, Metallurgy & Exploration, 2020, 37(1):3-20.

［87］郭忆,边立国,展仁礼.酒钢桦树沟铁矿石智能分选机预选抛废试验研究[J].矿冶工程,2021,41(3):61-63.

［88］李宇新,田孟杰,瞿定军,等.X 射线拣选-反浮选工艺在宜昌中磷层磷矿选矿中的应用[J].矿产保护与利用,2020,40(6):52-57.

［89］李宇新,童晓蕾,李艳,等.重介质选矿、X 射线分选在宜昌磷矿各矿层选矿的工业应用对比[J].化工矿产地质,2020,42(1):77-82.

［90］崔丽娜,彭雪清.双能量 X 射线透射预选用于广西某低品位铅锌矿的试验研究[J].矿业工程,2020,18(4):30-32.

［91］范阿永.X 射线分选机在某钨矿选矿厂的分选试验[J].有色矿冶,2021,37(3):23-26.

［92］ ROZELLE P L, KHADILKAR A B, PULATI N, et al. A study on removal of rare earth elements from U. S. coal byproducts by ion exchange[J]. Metallurgical and Materials Transactions E, 2016, 3(1): 6-17.

［93］YANG X, WERNER J, HONAKER R Q. Leaching of rare Earth elements from an Illinois Basin coal source[J]. Journal of Rare Earths, 2019, 37(3): 312-321.

［94］FINKELMAN R B, PALMER C A, WANG P P. Quantification of the modes of occurrence of 42 elements in coal[J]. International Journal of Coal Geology, 2018, 185:138-160.

［95］LAUDAL D A, BENSON S A, ADDLEMAN R S, et al. Leaching behavior

of rare earth elements in Fort Union lignite coals of North America[J].
International Journal of Coal Geology,2018,191:112-124.

[96] ZHANG W C, HONAKER R Q. Rare earth elements recovery using
staged precipitation from a leachate generated from coarse coal refuse[J].
International Journal of Coal Geology,2018,195:189-199.

[97] YANG X. Leaching characteristics of rare earth elements from bituminous
coal-based sources[D]. Lexington:University of Kentucky,2019.

[98] HONAKER R, YANG X B, CHANDRA A, et al. Hydrometallurgical
extraction of rare earth elements from coal[M]//The Minerals,Metals &
Materials Series. Cham: Springer International Publishing, 2018:
2309-2322.

[99] ZHANG W C, NOBLE A. Mineralogy characterization and recovery of
rare earth elements from the roof and floor materials of the Guxu
Coalfield[J]. Fuel,2020,270:117533.

[100] KUPPUSAMY V K, KUMAR A, HOLUSZKO M. Simultaneous
extraction of clean coal and rare earth elements from coal tailings using
alkali-acid leaching process [J]. Journal of Energy Resources
Technology,2019,141:1-7.

[101] ZHANG W C, HONAKER R. Calcination pretreatment effects on acid
leaching characteristics of rare earth elements from middlings and coarse
refuse material associated with a bituminous coal source[J]. Fuel,2019,
249:130-145.

[102] ZHANG W C, HONAKER R. Enhanced leachability of rare earth
elements from calcined products of bituminous coals [J]. Minerals
Engineering,2019,142:105935.

[103] ZHANG P P, HAN Z,JIA J M, et al. Occurrence and distribution of
gallium,scandium,and rare earth elements in coal gangue collected from
Junggar Basin,China[J]. International Journal of Coal Preparation and
Utilization,2019,39(7):389-402.

[104] ZHANG W C, HONAKER R. Characterization and recovery of rare
earth elements and other critical metals (Co,Cr,Li,Mn,Sr,and V) from
the calcination products of a coal refuse sample [J]. Fuel, 2020,
267:117236.

[105] HU G L, DAM-JOHANSEN K, WEDEL S, et al. Decomposition and

oxidation of pyrite[J]. Progress in Energy and Combustion Science, 2006,32(3):295-314.

[106] GUO W,FENG B,PENG J X,et al. Depressant behavior of tragacanth gum and its role in the flotation separation of chalcopyrite from talc[J]. Journal of Materials Research and Technology,2019,8(1):697-702.

[107] HONAKER R Q,ZHANG W,WERNER J. Acid leaching of rare earth elements from coal and coal ash:implications for using fluidized bed combustion to assist in the recovery of critical materials[J]. Energy & Fuels,2019,33(7):5971-5980.

[108] PARHI P K,PARK K H,NAM C W,et al. Extraction of rare earth metals from deep sea nodule using H_2SO_4 solution[J]. International Journal of Mineral Processing,2013,119:89-92.

[109] PIETRELLI L,BELLOMO B,FONTANA D,et al. Rare earths recovery from NiMH spent batteries[J]. Hydrometallurgy, 2002, 66 (1/2/3): 135-139.

[110] SUN L H,GUI H R,CHEN S. Rare earth element geochemistry of groundwaters from coal bearing aquifer in Renlou coal mine,northern Anhui Province,China[J]. Journal of Rare Earths,2011,29(2):185-192.

[111] LI D H,TANG Y G,DENG T,et al. Geochemistry of rare earth elements in coal:a case study from Chongqing,southwestern China[J]. Energy Exploration & Exploitation,2008,26(6):355-362.

[112] HOWER J C,GROPPO J G,HENKE K R,et al. Notes on the potential for the concentration of rare earth elements and yttrium in coal combustion fly ash[J]. Minerals,2015,5(2):356-366.

[113] FOLGUERAS M B,ALONSO M,FERNÁNDEZ F J. Coal and sewage sludge ashes as sources of rare earth elements[J]. Fuel, 2017, 192: 128-139.

[114] DAI S F,SEREDIN V V,WARD C R,et al. Composition and modes of occurrence of minerals and elements in coal combustion products derived from high-Ge coals[J]. International Journal of Coal Geology,2014,121: 79-97.

[115] 姚多喜,支霞臣,王馨. 煤及其燃烧产物飞灰和底灰中稀土元素地球化学特征及集散规律[J]. 地球化学,2003,32(5):491-500.

[116] PIRES M,QUEROL X. Characterization of Candiota (South Brazil) coal

and combustion by-product[J]. International Journal of Coal Geology, 2004,60(1):57-72.

[117] SAIKIA B K,WANG P P,SAIKIA A,et al. Mineralogical and elemental analysis of some high-sulfur Indian Paleogene coals: a statistical approach[J]. Energy & Fuels,2015,29(3):1407-1420.

[118] SAIKIA B K, SAIKIA A, CHOUDHURY R, et al. Elemental geochemistry and mineralogy of coals and associated coal mine overburden from Makum Coalfield (Northeast India)[J]. Environmental Earth Sciences,2016,75(8):1-21.

[119] SAIKIA B K,WARD C R,OLIVEIRA M L S,et al. Geochemistry and nano-mineralogy of feed coals, mine overburden, and coal-derived fly ashes from Assam (North-east India): a multi-faceted analytical approach[J]. International Journal of Coal Geology,2015,137:19-37.

[120] HOWER J,GROPPO J,JOSHI P,et al. Location of cerium in coal-combustion fly ashes:implications for recovery of lanthanides[J]. Coal Combustion and Gasification Products,2003,5(1):73-78.

[121] DAI S F, ZHAO L, HOWER J C, et al. Petrology, mineralogy, and chemistry of size-fractioned fly ash from the Jungar Power Plant,Inner Mongolia, China, with emphasis on the distribution of rare earth elements[J]. Energy & Fuels,2014,28(2):1502-1514.

[122] SMOLKA-DANIELOWSKA D. Rare earth elements in fly ashes created during the coal burning process in certain coal-fired power plants operating in Poland-Upper Silesian Industrial Region[J]. Journal of Environmental Radioactivity,2010,101(11):965-968.

[123] KOLKER A,SCOTT C,HOWER J C,et al. Distribution of rare earth elements in coal combustion fly ash,determined by SHRIMP-RG ion microprobe[J]. International Journal of Coal Geology,2017,184:1-10.

[124] HOOD M M,TAGGART R K,SMITH R C,et al. Rare earth element distribution in fly ash derived from the fire clay coal,Kentucky[J]. Coal Combustion and Gasification Products,2017,9(1):22-33.

[125] RIBEIRO J, VALENTIM B, WARD C, et al. Comprehensive characterization of anthracite fly ash from a thermo-electric power plant and its potential environmental impact[J]. International Journal of Coal Geology,2011,86(2/3):204-212.

［126］ WARREN C J,DUDAS M J. Leachability and partitioning of elements in ferromagnetic fly ash particles［J］. Science of the Total Environment, 1989,83(1/2):99-111.

［127］ THOMPSON R L,BANK T,MONTROSS S, et al. Analysis of rare earth elements in coal fly ash using laser ablation inductively coupled plasma mass spectrometry and scanning electron microscopy［J］. Spectrochimica Acta Part B:Atomic Spectroscopy,2018,143:1-11.

［128］ ARONNE A, ESPOSITO S, PERNICE P. Ftir and dta study of lanthanum aluminosilicate glasses［J］. Materials Chemistry and Physics, 1997,51(2):163-168.

［129］ LIN S L, HWANG C-S. Structures of CeO_2-Al_2O_3-SiO_2 glasses［J］. Journal of Non-Crystalline Solids,1996,202(1/2):61-67.

［130］ TAGGART R K,RIVERA N A,LEVARD C, et al. Differences in bulk and microscale yttrium speciation in coal combustion fly ash ［J］. Environmental Science:Processes & Impacts,2018,20(10):1390-1403.

［131］ LANGE C N,CAMARGO I M C,FIGUEIREDO A M G M, et al. A Brazilian coal fly ash as a potential source of rare earth elements［J］. Journal of Radioanalytical and Nuclear Chemistry, 2017, 311 (2): 1235-1241.

［132］ HOWER J,GRANITE E,MAYFIELD D, et al. Notes on contributions to the science of rare earth element enrichment in coal and coal combustion byproducts［J］. Minerals,2016,6(2):32.

［133］ GEORGAKOPOULOS A, FILIPPIDIS A, KASSOLI-FOURNARAKI A, et al. Leachability of major and trace elements of fly ash from Ptolemais power station,northern Greece［J］. Energy Sources,2002,24(2):103-113.

［134］ KADIR A A,HASSAN M I H,JAMALUDDIN N, et al. Properties and leachability of self-compacting concrete incorporated with fly ash and bottom ash ［J］. IOP Conference Series:Materials Science and Engineering,2016,133:012039.

［135］ IRINA V,KUHRAKOVA,ANDREI A, et al. Microwave assisted acid digestion of siliceous and organically hased matrices［J］. Mendeteev Communications,1998(8):93-94.

［136］ 刘晶,郑楚光,贾小红,等. 微波消解和电感耦合等离子体发射光谱法同时测定煤灰中的 14 种元素［J］. 分析化学,2003,31(11):1360-1363.

［137］杜登学,刘耘,周磊.环境样品的微波消解[J].山东轻工业学院学报(自然科学版),2001,15(3):51-56.

［138］黄达峰,罗修泉,李喜斌,等.同位素质谱技术与应用[M].北京:化学工业出版社,2006.

［139］任德贻,赵峰华,代世峰,等.煤的微量元素地球化学[M].北京:科学出版社,2006.

［140］杨柳,董雪莹,孟东阳.煤中微量元素含量常用测定方法[J].中国矿业,2014,23(增刊2):293-300.

［141］ZHANG W,GROPPO J,HONAKER R. Ash beneficiation for REE recovery[C]//Proceedings of the 2015 World Coal Ash Conference, Nashville,TN,USA,2015.

［142］DAI S F,ZHAO L,PENG S P,et al. Abundances and distribution of minerals and elements in high-alumina coal fly ash from the Jungar Power Plant,Inner Mongolia,China[J]. International Journal of Coal Geology,2010,81(4):320-332.

［143］KASHIWAKURA S,KUMAGAI Y,KUBO H,et al. Dissolution of rare earth elements from coal fly ash particles in a dilute H_2SO_4 solvent[J]. Open Journal of Physical Chemistry,2013,3(2):69-75.

［144］WEN Z P,CHEN H C,PAN J H,et al. Grinding activation effect on the flotation recovery of unburned carbon and leachability of rare earth elements in coal fly ash[J]. Powder Technology,2022,398:117045.

［145］PAN J H,NIE T C,VAZIRI HASSAS B,et al. Recovery of rare earth elements from coal fly ash by integrated physical separation and acid leaching[J]. Chemosphere,2020,248:126112.

［146］曹闪闪.粉煤灰中稀土元素低温强化浸出研究[D].徐州:中国矿业大学,2019.

［147］TAGGART R K,HOWER J C,HSU-KIM H. Effects of roasting additives and leaching parameters on the extraction of rare earth elements from coal fly ash[J]. International Journal of Coal Geology, 2018,196:106-114.

［148］汤梦成.碱熔-酸浸提取粉煤灰中稀土元素研究[D].徐州:中国矿业大学,2019.

［149］MONDAL S,GHAR A,SATPATI A K,et al. Recovery of rare earth elements from coal fly ash using TEHDGA impregnated resin[J].

Hydrometallurgy,2019,185:93-101.

[150] 单雪媛.粉煤灰中有价元素分布规律及浸出行为研究[D].太原:山西大学,2019.

[151] LIU P,HUANG R X,TANG Y Z. Comprehensive understandings of rare earth element（REE）speciation in coal fly ashes and implication for REE extractability[J]. Environmental Science & Technology, 2019, 53（9）: 5369-5377.

[152] CAO S S,ZHOU C C,PAN J H,et al. Study on influence factors of leaching of rare earth elements from coal fly ash[J]. Energy & Fuels, 2018,32(7):8000-8005.

[153] TAGGART R K,HOWER J C,DWYER G S,et al. Trends in the rare earth element content of U. S. -based coal combustion fly ashes[J]. Environmental Science & Technology,2016,50(11):5919-5926.

[154] HUANG C,WANG Y B,HUANG B,et al. The recovery of rare earth elements from coal combustion products by ionic liquids[J]. Minerals Engineering,2019,130:142-147.

[155] PAN J H,ZHOU C C,TANG M C,et al. Study on the modes of occurrence of rare earth elements in coal fly ash by statistics and a sequential chemical extraction procedure[J]. Fuel,2019,237:555-565.

[156] LIN R H,STUCKMAN M,HOWARD B H,et al. Application of sequential extraction and hydrothermal treatment for characterization and enrichment of rare earth elements from coal fly ash[J]. Fuel,2018, 232:124-133.

[157] WANG Z,DAI S F,ZOU J H,et al. Rare earth elements and yttrium in coal ash from the Luzhou power plant in Sichuan,Southwest China: concentration,characterization and optimized extraction[J]. International Journal of Coal Geology,2019,203:1-14.

[158] PARK S,LIANG Y N. Bioleaching of trace elements and rare earth elements from coal fly ash[J]. International Journal of Coal Science & Technology,2019,6(1):74-83.

[159] MURAVYOV M I,BULAEV A G,MELAMUD V S,et al. Leaching of rare earth elements from coal ashes using acidophilic chemolithotrophic microbial communities[J]. Microbiology,2015,84(2):194-201.

[160] 曲学峰.国华准格尔电厂粉煤灰中稀土提取工艺研究[D].邯郸:河北工程

大学,2018.

[161] 董卉,陈娟,李箫玉,等.烧结剂对新疆粉煤灰中锂浸出的作用特性[J].化工进展,2019,38(3):1538-1544.

[162] LI S Y,BO P H,KANG L W,et al. Activation pretreatment and leaching process of high-alumina coal fly ash to extract lithium and aluminum[J]. Metals,2020,10(7):893.

[163] LI S Y,QIN S J,KANG L W,et al. An efficient approach for lithium and aluminum recovery from coal fly ash by pre-desilication and intensified acid leaching processes[J]. Metals,2017,7(7):272.

[164] CHEN H C,WEN Z P,PAN J H,et al. Study on leaching behavior differences of rare earth elements from coal fly ash during microwave-assisted HCl leaching[J]. International Journal of Coal Preparation and Utilization,2023:43(11):1993-2015.

[165] LEVENSPIEL O. Chemical reaction engineering[M].[s. n]:John Wiley & Sons,1998.

[166] 董秋实.粉煤灰酸浸液中镧的分离富集技术研究[D].长春:吉林大学,2016.

[167] 贺伦燕,冯天泽.用碳酸氢铵沉淀稀土:CN86100671A[P].1987-08-05.

[168] JOSSO P,ROBERTS S,TEAGLE D A H,et al. Extraction and separation of rare earth elements from hydrothermal metalliferous sediments[J]. Minerals Engineering,2018,118:106-121.

[169] 邵培.高铝煤与煤灰中 Li-Ga-REE 等多元素共生组合特征及协同分离:以大同煤田为例[D].徐州:中国矿业大学,2019.

[170] ZHANG W C,HONAKER R. Process development for the recovery of rare earth elements and critical metals from an acid mine leachate[J]. Minerals Engineering,2020,153:106382.

[171] XIE F,ZHANG T A,DREISINGER D,et al. A critical review on solvent extraction of rare earths from aqueous solutions [J]. Minerals Engineering,2014,56:10-28.

[172] HUANG X W,DONG J S,WANG L S,et al. Selective recovery of rare earth elements from ion-adsorption rare earth element ores by stepwise extraction with HEH(EHP) and HDEHP[J]. Green Chemistry,2017,19(5):1345-1352.

[173] 吉万顺,周长春,潘金禾,等.粉煤灰浸出液中稀土元素钇的萃取分离研究

[J]. 河南理工大学学报(自然科学版),2020,39(2):62-68.

[174] SMITH R C,TAGGART R K,HOWER J C,et al. Selective recovery of rare earth elements from coal fly ash leachates using liquid membrane processes[J]. Environmental Science & Technology, 2019, 53(8): 4490-4499.

[175] MOHAMMAD A W, TEOW Y H, ANG W L, et al. Nanofiltration membranes review: recent advances and future prospects [J]. Desalination,2015,356:226-254.

[176] MURTHY Z P,GAIKWAD M S. Separation of praseodymium(Ⅲ) from aqueous solutions by nanofiltration [J]. Canadian Metallurgical Quarterly,2013,52(1):18-22.

[177] KOSE MUTLU B,CANTONI B,TUROLLA A,et al. Application of nanofiltration for Rare Earth Elements recovery from coal fly ash leachate: performance and cost evaluation[J]. Chemical Engineering Journal,2018,349:309-317.

[178] PONOU J, DODBIBA G, ANH J W, et al. Selective recovery of rare earth elements from aqueous solution obtained from coal power plant ash [J]. Journal of Environmental Chemical Engineering, 2016, 4(4): 3761-3766.

[179] PONOU J, WANG L P, DODBIBA G, et al. Recovery of rare earth elements from aqueous solution obtained from Vietnamese clay minerals using dried and carbonized parachlorella[J]. Journal of Environmental Chemical Engineering,2014,2(2):1070-1081.

2 粉煤灰样品性质分析

样品性质的分析是科学研究的基础,粉煤灰的基本性质决定了提取其稀土元素的难易程度与方法选择。本章研究了粉煤灰的基础物理性质、矿物种类、元素含量、颗粒形貌及稀土元素的配分模式,为后续稀土元素赋存特征和回收利用的研究提供基础。

2.1 粉煤灰来源及稀土元素测试方法

为了使粉煤灰的研究具有更为广泛的代表性,分别对不同地区的粉煤灰进行了采样分析,样品分别来自山东枣庄十里泉电厂、内蒙古准格尔电厂、四川广安电厂、贵州六盘水发耳电厂和盘北电厂、美国阿拉巴马州加斯顿电厂(Alabama Power Gaston Plant),即六地的粉煤灰样品,其燃煤均来自当地附近地区。

稀土元素的分析测试有很多方法,如分光光度法、ICP 发射光谱法等。但随着技术水平的提高和研究的深入,这些方法的应用领域逐渐减少,取而代之的是电感耦合等离子体技术,它也被称为当代分析技术的重大发展。为了准确测定粉煤灰中稀土元素,采用微波消解赶酸-电感耦合等离子体质谱仪测定的方法,该方法也可以用来测定或检验其他元素含量,其具体步骤为:

(1)选取 TFM 材质的溶样杯,准确称取待测的固体样品试样,置于酸煮洗净的溶样杯中,依次加入浓硝酸和浓氢氟酸,密封后放入微波消解仪,按照表 2-1 设定的工步消解。

(2)消解完成后,将消解内管取出,放到赶酸器上面开盖赶酸,赶酸温度为 90 ℃,直到消解液浓缩到黄豆粒大小。赶酸结束约 2 h,加入 10 mL 体积浓度为 10%的硝酸溶液,盖上盖子后继续加热 2～4 h,保证颗粒完全溶解。其中,在加热过程中加入几滴(<0.5 mL)浓硫酸,保证 HF 完全脱除,进而保证稀土元素测试准确。用超纯水将赶酸后的样品消解液定容,摇匀后得测试液。

(3)配制一系列的稀土元素标准工作溶液,进行 ICP-MS 测试,绘制出标准曲线,建立拟合线性方程。

表 2-1　粉煤灰消解方案

工步	温度/℃	时间/min	微波功率/W
1	130	10	800
2	160	10	800
3	190	10	800
4	210	30	800
冷却过程		30	

（4）将步骤（2）所得的测试液通过进样系统引入电感耦合等离子体质谱仪中，采用标准模式与碰撞反应池技术及在线加入内标法进行 ICP-MS 测定，根据标准曲线确定稀土元素含量。在微波消解过程中，氟离子会与稀土离子发生化学反应，生成较小的固体颗粒稀土氟化物。在加热赶酸过程中，稀土氟化物会分解成为稀土离子和氟离子，氟离子在受热的条件下与氢离子结合，以气体形式逸出，如式（2-1）和式（2-2）。随着加热时间的延长，越来越多的 HF 逸出，意味着更多的氟离子与氢离子结合，就造成了溶液中氟离子浓度降低，使可逆反应式（2-1）向右侧进行，这促进了稀土氟化物的水解，稀土离子得到释放；在 HF 逸出的同时，浓硝酸分解成水、二氧化氮和氧气，并伴有硝酸挥发，导致溶液中氢离子减少；随着加热进行，大量水分子进入空气中，造成溶剂减少。为了让 HF 继续以气体形态逸出，必须提供溶液环境与氢离子，所以加入浓硫酸（沸点远高于氢氟酸），在蒸发阶段末期，硫酸大部分可以保留，提供溶液环境与氢离子，促进稀土氟化物分解。

$$REEF_3 \Longrightarrow REE^{3+} + 3F^- \tag{2-1}$$

$$F^- + H^+ \Longrightarrow HF \tag{2-2}$$

分别选用 SRM1633c（煤灰）和标准物质 GBW07109（岩石）检验微波消解-电感耦合等离子体质谱仪测试方法的准确性，结果如表 2-2 和表 2-3 所示，发现岩石样品 GBW07109 中稀土元素回收率为 91.67%～105.86%，煤灰样品 SRM1633c 中微量元素回收率为 92.31%～99.79%。其检测值误差主要来源于三部分：首先是 ICP-MS 和 ICP-AES 的仪器误差，特别是在基体复杂的情况下，仪器接收不到信号或者接收较多信号；其次是来自消解过程中，特别是极少量难消解物质，以极小颗粒的形式存在包裹着待测元素，导致元素回收率降低；最后是试验人员在操作过程中，由于环境、个人及玻璃器皿等因素造成了微小误差。该测试的回收率说明了试验结果可靠，整体测试误差在±5%左右。另外该方法还具有以下几点优势：

表 2-2 标准物质中微量元素含量测定结果

SRM1633c	标准值	实测值	回收率/%	SRM1633c	标准值	实测值	回收率/%
^{9}Be	16	15.2	95.00	^{30}Zn	245	235.2	96.00
^{52}Cr	217	207.3	95.53	^{33}As	187	186.6	99.79
^{55}Mn	243	230.2	94.73	^{46}Pb	91	89.2	98.02
^{59}Co	44	42.3	96.14	^{48}Cd	0.79	0.73	92.41
^{60}Ni	129	123.5	95.74	^{51}Sb	7.8	7.2	92.31
^{63}Cu	170	164.3	96.65	^{74}V	285	274.6	96.35

表 2-3 标准物质中稀土元素含量测定结果

GBW07109	标准值	实测值	回收率/%	GBW07109	标准值	实测值	回收率/%
^{45}Sc	22.2	23.5	105.86	^{6}Li	32.9	33.2	100.91
^{89}Y	24.7	25.6	103.64	^{9}Be	17.2	16.5	95.93
^{139}La	149	139.9	93.89	^{10}B	0.32	0.34	106.25
^{140}Ce	242	251.46	103.91	^{59}Co	4.59	4.38	95.42
^{141}Pr	22.5	21.95	97.56	^{60}Ni	1.75	1.69	96.57
^{146}Nd	65.1	59.93	92.06	^{63}Cu	11.8	12.01	101.78
^{147}Sm	9.7	8.93	92.06	^{71}Ga	35.8	37.23	103.99
^{153}Eu	2.35	2.21	94.04	^{72}Ge	0.95	1	105.26
^{157}Gd	7	6.59	94.14	^{75}As	6.27	6.41	102.23
^{159}Tb	1.02	0.98	96.08	^{79}Br	1.21	1.3	107.44
^{163}Dy	4.7	4.61	98.09	^{111}Cd	0.07	0.08	114.29
^{165}Ho	0.96	0.88	91.67	^{121}Sb	0.15	0.14	93.33
^{166}Er	2.48	2.6	104.84	^{137}Ba	2.51	2.43	96.81
^{169}Tm	0.46	0.43	93.48	^{208}Pb	196	185.32	94.55
^{172}Yb	2.56	2.69	105.08	^{209}Bi	0.37	0.36	97.30
^{175}Lu	0.43	0.43	100.00	^{238}U	14.6	13.8	94.52

（1）粉煤灰样品消解完全,并且整个过程在密闭环境下进行,有效降低了样品在前处理过程中被污染的可能性。

（2）加热赶酸期间加入了浓硫酸,大大促进了稀土氟化物的分解,降低了消解液中氟离子含量,提高了测试精度。

（3）具有检出限低、快速、准确等优点,能同时测定多种微量元素。

2.2 物理性质分析

六地粉煤灰样品的物理性质如表 2-4 所示。结果表明：六地粉煤灰密度相差不大，为 2.06～2.48 g/cm³；磁性物含量相差较大，广安、发耳及阿拉巴马粉煤灰磁性物含量超过 10％，而其余三地粉煤灰磁性物含量很低，这与粉煤灰中的铁相具有紧密关系；从比表面积来看，盘北的值最高，准格尔的值最小；含炭量（即烧失量）均较低，小于 5％，符合一级灰标准[1-2]；放射性均符合建筑材料放射性核素 A 类标准。

表 2-4 六地粉煤灰物理性质

样品	密度/ (g/cm³)	磁性物含量 /%	比表面积 /(m²/g)	烧失量/%	照射指数	
					内照射指数 I_{Ra}	外照射指数 I_r
十里泉	2.14	2.41	1.357	4.55	0.7	0.9
准格尔	2.28	2.50	1.187	4.11	0.7	0.9
广安	2.36	13.07	1.968	4.21	0.6	0.8
发耳	2.48	10.67	1.968	3.95	0.8	0.8
盘北	2.10	0.77	2.497	4.12	0.6	0.7
阿拉巴马	2.30	14.32	1.546	3.87	0.8	0.9

2.3 粉煤灰组成分析

2.3.1 粉煤灰物相组成

六地粉煤灰的 XRD 分析谱图如图 2-1 所示，由图可见六地粉煤灰中均存在石英和莫来石，符合煤炭燃烧后主要矿物转化规律，同时，衍射峰在 2θ 为 19°～25°处形成了凸起，说明玻璃相的存在[3]，代表了六地粉煤灰中均存在着大量玻璃体。十里泉粉煤灰包含有石英、莫来石、磁铁矿及单碳水合铝酸钙，单碳水合铝酸钙的产生是由于煤样中碳酸钙含量较多，与铝硅酸盐生成铝酸三钙及铝硅酸钙，剩余的碳酸钙再与铝酸三钙反应，包裹住矿物间隙中原有结晶水或冷却后吸收空气中的水分子最终形成单碳水合铝酸钙[4]。准格尔粉煤灰中多了一个刚玉矿物相，是黏土矿物熔融后经重新结晶生成的次生矿物，被认为是高铝粉煤灰中典型的矿物成分[5]。在广安和阿拉巴马粉煤灰中氧化铁的主要矿物相为磁铁矿，而在盘北粉煤灰中氧化铁的矿物相为赤铁矿，这主要是由于电厂燃烧炉不同,前者所用为煤粉炉,铁主要以磁铁矿形式存在,而后者所用为循环流化床,导致铁主要以赤铁矿的形式存在[6]。

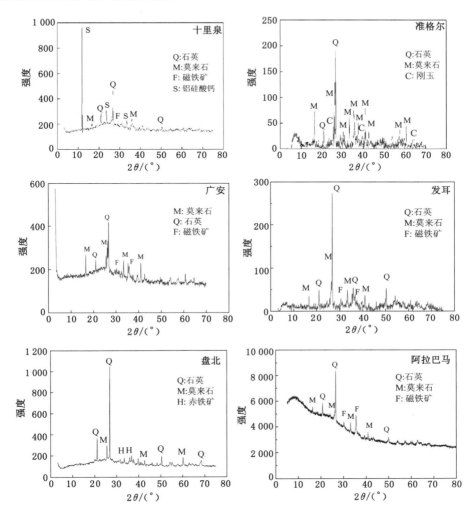

图 2-1　六地粉煤灰的 XRD 分析图谱

粉煤灰中晶体矿物和玻璃体含量如表 2-5 所列,发现玻璃体在各粉煤灰中的占比均超过 60%,盘北粉煤灰中含量最低,约为 63.2%,阿拉巴马粉煤灰中最高,约为 78.4%,这些玻璃体的主要成分为 Al、Si、O,另外还包含少量的 Ca、Fe、Na、K、Ti 和 Mg 等元素,其可分为类似石英的富硅玻璃体和类似莫来石的富铝玻璃体[7]。其次在粉煤灰中存在较多莫来石组分,除阿拉巴马粉煤灰外,其他粉煤灰中莫来石占 20%以上,这些莫来石为煤中铝硅酸盐黏土矿物经过燃烧后生成的次生矿物,其成分不确定,氧化铝含量往往在 72%~78%。六地粉煤灰中石英含量在 4.5%~7.9%,通常情况下,石英熔点较高(1 750 ℃),在煤炭燃烧过程中不易融化,但是易被其他熔融相包裹。六地粉煤灰中均含有磁铁矿和赤铁矿,但是比例和侧重不同,十里泉、广安和阿拉巴马粉煤灰以磁铁矿为主,兼有少量赤铁矿,而盘北粉煤灰以赤铁矿为主,准格尔地区煤炭几乎不含铁,导致其粉煤灰中磁铁矿和赤铁矿含量均不高。六地粉煤灰中含有不同程度的硬石膏和石灰,含量在 0~2.2%不等,说明它们均为低钙粉煤灰。值得关注的准格尔粉煤灰中刚玉的存在,有研究表明飞灰粒级越小,刚玉的含量越高,它主要由富铝的玻璃相结晶组成[5]。

表 2-5　六地粉煤灰的物相组成

样品	物相占比/%							
	玻璃质	莫来石	石英	磁铁矿	赤铁矿	刚玉	石膏	石灰
十里泉	67.2	20.4	7.8	2.1	0.6	0	0.8	1.1
准格尔	65.3	24.1	7.2	0.6	0.1	2.6	0	0.1
广安	69.5	20.4	4.5	3.0	0.4	0	1.1	1.1
发耳	69.2	21.5	6.7	2.6	0	0	0	0
盘北	63.2	25.8	7.9	0.2	2.2	0	0.2	0.5
阿拉巴马	78.4	7.4	6.8	3.4	1.1	0	1.8	1.1

2.3.2　粉煤灰的化学组成

使用 XRF 和 ICP-AES 对六地粉煤灰进行化学元素分析,并利用 ICP-MS 对元素含量进行校正,汞含量由 DMA-80 测汞仪测得,其他微量元素含量用 ICP-AES 和 ICP-MS 测试,结果列于表 2-6 中。由表可以发现粉煤灰中元素种类众多,几乎包含地球上所有元素。

表 2-6　粉煤灰化学元素分析结果

元素名称	样品名称						
	十里泉	准格尔	广安	发耳	盘北	阿拉巴马	上地壳[11]
SiO_2	50.46	25.19	43.66	52.17	54.81	49.06	65.89
Al_2O_3	32.02	57.37	25.61	23.89	23.74	21.25	15.53
Fe_2O_3	4.37	2.587	12.89	12.10	6.98	14.98	4.94

表 2-6（续）

元素名称	样品名称						
	十里泉	准格尔	广安	发耳	盘北	阿拉巴马	上地壳[11]
CaO	4.70	2.84	6.69	3.36	4.59	5.20	4.19
MgO	1.08	0.16	0.78	1.91	1.81	0.83	0.50
TiO₂	1.25	2.07	1.78	2.77	3.64	1.19	0.50
K₂O	1.31	0.35	2.08	0.69	1.49	2.44	3.39
Na₂O	0.39	0.67	0.78	0.58	0.66	0.91	3.89
S	0.61	0.31	0.93	0.22	0.56	1.20	0.06[12]
P	0.14	0.10	0.27	0.14	0.33	0.07	0.08
Li	69.91	265.57	180.02	124.57	175.40	228.09	20.00
Be	4.27	3.98	18.95	10.05	11.77	33.18	3.10
V	391.50	62.51	293.52	376.11	273.00	397.70	107.00
Cr	272.30	65.56	134.41	167.62	168.10	225.60	85.00
Mn	851.40	165.52	739.02	703.20	628.80	232.23	542.00
Co	51.51	2.54	31.66	46.31	26.04	56.52	17.00
Ni	116.40	10.52	74.74	108.81	62.57	185.25	44.00
Cu	206.60	39.52	624.57	747.40	136.50	675.34	25.00
Zn	280.40	31.25	491.92	243.91	422.90	428.80	71.00
Ga	48.85	27.65	52.01	59.37	63.19	42.37	17.00
As	132.60	62.52	35.06	67.51	140.30	111.35	1.50
Se	26.50	24.36	26.72	23.71	49.03	10.37	0.05
Sr	2 624.00	123.57	2 749.53	456.88	2 148.00	522.32	350.00
Nb	59.26	50.23	141.65	85.87	79.56	31.85	12.00
Cd	0.52	0.58	1.97	1.39	1.38	2.69	0.10
Sn	4.65	5.23	17.29	14.38	5.69	8.35	3.50
Sb	2.68	0.36	3.54	3.53	3.26	7.90	0.20
Hg	0.02	0.03	0.07	0.06	0.18	0.05	0.10[12]
Pb	31.70	38.65	83.55	60.62	59.77	172.60	17.00
Th	15.62	38.52	34.58	27.36	31.26	24.92	10.70
U	4.95	9.53	13.38	17.72	10.44	40.23	2.80

注：常量元素单位为％，稀土元素单位为 μg/g。

　　六地粉煤中各元素含量与上地壳中情况比较的结果即富集系数,如表 2-7 所列。由表可以看出,个别粉煤灰中的某些元素表现为亏损,例如准格尔的 V、Cr、Mn、Co、Ni、Zn、Sr 和 Hg;多数微量元素在六地粉煤灰中均为富集,富集数倍到数十倍不等,其中 Se 富集了上百倍,属于高度富集;另外,许多战略稀有金属,比如 Li、Be、Ge,具有较高的市场价值和应用前景,如果富集达到一定水平或者有低廉高效的回收方法,可以考虑回收利用。

表 2-7　粉煤灰化学元素富集系数　　　　单位:%

元素名称	样品名称					
	十里泉	准格尔	广安	发耳	盘北	阿拉巴马
SiO_2	0.77	0.38	0.66	0.79	0.83	0.74
Al_2O_3	2.06	3.69	1.65	1.54	1.53	1.37
Fe_2O_3	0.88	0.52	2.61	2.45	1.41	3.03
CaO	1.12	0.68	1.60	0.80	1.10	1.24
MgO	2.16	0.32	1.56	3.82	3.62	1.66
TiO_2	2.50	4.14	3.56	5.54	7.28	2.38
K_2O	0.39	0.10	0.61	0.20	0.44	0.72
Na_2O	0.10	0.17	0.20	0.15	0.17	0.23
S	10.17	5.17	15.50	3.67	9.33	20.00
P	1.75	1.25	3.38	1.75	4.13	0.88
Li	3.50	13.28	9.00	6.23	8.77	11.40
Be	1.38	1.28	6.11	3.24	3.80	10.70
V	3.66	0.58	2.74	3.52	2.55	3.72
Cr	3.20	0.77	1.58	1.97	1.98	2.65
Mn	1.57	0.31	1.36	1.30	1.16	0.43
Co	3.03	0.15	1.86	2.72	1.53	3.32
Ni	2.65	0.24	1.70	2.47	1.42	4.21
Cu	8.26	1.58	24.98	29.90	5.46	27.01
Zn	3.95	0.44	6.93	3.44	5.96	6.04
Ga	2.87	1.63	3.06	3.49	3.72	2.49
As	88.40	41.68	23.37	45.00	93.53	74.23
Se	530.00	487.20	534.37	474.16	980.60	207.35
Sr	7.50	0.35	7.86	1.31	6.14	1.49

表 2-7(续)

元素名称	样品名称					
	十里泉	准格尔	广安	发耳	盘北	阿拉巴马
Nb	4.94	4.19	11.80	7.16	6.63	2.65
Cd	5.31	5.92	20.11	14.21	14.08	27.48
Sn	1.33	1.49	4.94	4.11	1.63	2.39
Sb	13.40	1.80	17.72	17.64	16.30	39.51
Hg	0.21	0.31	0.73	0.63	1.88	0.52
Pb	1.86	2.27	4.91	3.57	3.52	10.15
Th	1.46	3.60	3.23	2.56	2.92	2.33
U	1.77	3.40	4.78	6.33	3.73	14.37

通过常量元素分析,发现除准格尔粉煤灰外,其他地区粉煤灰中均是氧化硅的含量最高,接近或略高于50%,其次为氧化铝,含量均大于20%。准格尔粉煤灰中氧化铝的含量高达57%,铝硅比为2.28,说明其属于高铝粉煤灰。氧化铁的含量以广安、发耳和阿拉巴马粉煤灰较高,分别为12.89%、12.10%和14.98%,其余三个电厂氧化铁含量在较低水平。六地粉煤灰中均有一定含量的磷,在0.07%~0.33%。有研究表明[8],煤及其燃烧产物中的磷与稀土元素具有紧密联系,这可能与稀土的富集有关。同时,十里泉、广安和盘北粉煤灰中高含量的Sr,也可能与稀土有关,有研究表明[9,10],氟碳铈矿中伴生有菱锶矿以及煤样中存在磷锶铝石。

2.3.3 粉煤灰的稀土元素特征

由表2-8可以发现,六地粉煤灰中稀土元素的含量分别为十里泉296.44 $\mu g/g$、准格尔516.80 $\mu g/g$、广安782.11 $\mu g/g$、发耳520.27 $\mu g/g$、盘北478.36 $\mu g/g$、阿拉巴马447.41 $\mu g/g$,与之对应的稀土氧化物的含量分别为十里泉350.27 $\mu g/g$、准格尔609.23 $\mu g/g$、广安924.28 $\mu g/g$、发耳613.93 $\mu g/g$、盘北564.01 $\mu g/g$、阿拉巴马529.52 $\mu g/g$,其品位已经接近或者达到离子型稀土矿体平均稀土品位(REO)0.07%~0.16%[13]。广安粉煤灰稀土元素在六个样品中含量最高,从含量的角度来说,更具有潜力。

粉煤灰中稀土元素的评价,不仅考虑稀土元素的含量,而且要对其轻重稀土的比例进行考察。由表2-8可知,六地粉煤灰的轻重稀土比分别为十里泉8.58、准格尔8.93、广安8.05、发耳8.18、盘北8.71、阿拉巴马6.73,这表明这些粉煤灰中稀土元素主要为轻稀土,这可能与其形成有关,因为它们主要来源于烟气。

由于轻稀土元素的密度低,相对于重稀土元素更容易在烟气中富集,进而主要存在于粉煤灰中,成为轻稀土富集型,也有可能是煤系稀土的资源禀赋所致。根据Seredin-Dai 评判标准,粉煤灰中紧要元素比重和前景系数越大时,就越具有开发潜力[14]。由表 2-8 发现,各粉煤灰中紧要元素的比例超过1/3,前景系数为0.84~1.02,有利于稀土元素的开发利用。

表 2-8　六地粉煤灰中稀土元素含量

元素	元素含量/(μg/g)					
	十里泉	准格尔	广安	发耳	盘北	阿拉巴马
La	61.43	88.64	138.67	80.65	80.14	71.18
Ce	98.36	191.61	290.30	193.19	180.20	151.37
Pr	12.13	21.98	30.28	22.47	19.61	18.36
Nd	46.54	89.64	113.62	88.66	80.92	67.99
Sm	8.75	16.92	21.59	17.22	15.66	14.23
Y	40.96	57.93	109.91	65.17	54.66	72.84
Eu	1.60	3.84	3.51	3.33	3.50	2.97
Gd	7.69	14.89	20.88	15.53	13.89	13.92
Tb	1.13	2.18	3.23	2.20	1.98	2.18
Dy	7.19	12.71	20.04	13.60	12.22	12.93
Ho	1.38	2.40	3.98	2.58	2.23	2.63
Er	4.23	6.58	12.02	7.17	6.35	7.59
Tm	0.56	0.92	1.66	1.01	0.87	1.14
Yb	3.97	5.73	10.88	6.57	5.33	7.02
Lu	0.53	0.82	1.56	0.94	0.75	1.06
REY	296.44	516.80	782.11	520.27	478.36	447.41
REO	350.27	609.23	924.28	613.93	564.01	529.52
L_{REY}	228.81	412.63	597.97	405.52	380.08	326.10
H_{REY}	26.67	46.23	74.24	49.58	43.62	48.47
L_{REY}/H_{REY}	8.58	8.93	8.05	8.18	8.71	6.73
C_{REY}	101.65	172.88	262.32	180.13	159.69	166.50
U_{REY}	89.99	142.43	211.41	135.86	129.29	117.69
E_{REY}	104.79	201.48	308.38	204.28	189.38	163.22
C_{outl}	0.97	0.86	0.85	0.88	0.84	1.02
C_{REY}/REY	0.34	0.33	0.34	0.34	0.33	0.37

注:REY 特指镧系元素加 Y 元素;前景系数 C_{outl} 和紧要程度 C_{REY}/REY 无单位。

粉煤灰中稀土元素分布模式主要受控于入料原煤的地球化学特征和煤炭燃烧条件,其中 Seredin 和 Dai[14] 利用上地壳中稀土元素的含量对煤灰中稀土元素进行了标准化,讨论了煤灰中稀土元素配分模式,包括轻稀土富集型、中稀土富集型、重稀土富集型及少量的混合型,对于研究粉煤灰中稀土元素配分模式具有指导意义。但是由于燃烧过程中飞灰与炉渣的分离导致六地粉煤灰中稀土元素分布属于混合型,如图 2-2 所示。其经过标准化后镧元素数值(La_N)与镥元素数值的比值(La_N/Lu_N)均接近 1(十里泉,1.12;准格尔,1.03;广安,1.03;发耳,1.03;盘北,1.06;阿拉巴马,1.00),大体符合中稀土富集型($La_N/Sm_N < 1$;$Gd_N/Lu_N > 1$),即 Eu、Gd、Tb、Dy 和 Y 等元素相对富集,但是通常意义上,根据稀土元素含量所占比例,认为煤系稀土为轻稀土富集型。

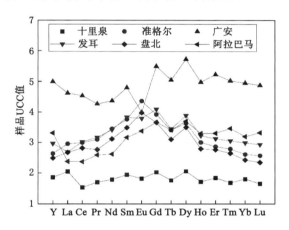

图 2-2　六地粉煤灰中稀土元素分布模式图

2.3.4　粉煤灰的形态特征

通过扫描电镜和能谱测试对六地粉煤灰的形态特征进行了研究,如图 2-3 所示。根据燃烧条件的差异,六地粉煤灰的颗粒形态可以分为煤粉炉型[图 2-3 (a)(c)(d)(f)]和循环流化床型[图 2-3 (b)(e)]。在图 2-3 (a)(c)(d)(f)内偶见不规则形状的矿物碎屑,绝大多数为圆球或近圆球形状,这主要是因为煤粉炉中心温度高,可达到 1 200 ℃以上,使得煤中矿物(高岭石等铝硅酸盐矿物、黄铁矿等铁矿和部分石英)分解、熔融,进而形成液相,在表面张力的作用下,形成玻璃小球,部分熔融物粘连成较大的颗粒,而在收集过程中迅速冷却,形成了 Si、Al、Ca、O 组成的无定形玻璃体,其中,部分成分能够通过重结晶的作用形成莫来石、刚玉、石灰、磁赤铁矿等新矿物。而在图 2-3 (b)和(e)中,发现矿物碎屑为主要组成,少量为球形颗粒,这是由循环流化床的燃烧温度(800～900 ℃)决定的。

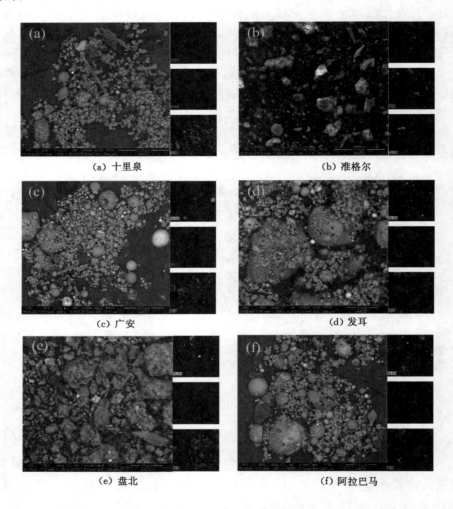

（a）十里泉　　　　　　　　　　　（b）准格尔

（c）广安　　　　　　　　　　　（d）发耳

（e）盘北　　　　　　　　　　　（f）阿拉巴马

图 2-3　六地粉煤灰扫描电镜背散射图像与能谱分析

　　通过能谱发现,除个别区域铁和钙为主外,粉煤灰的表面主要为铝和硅相,这就导致了任何元素在粉煤灰中都不得不与铝、硅存在"纠缠"。有研究指出,粉煤灰中的颗粒存在化学成分的分层特征,金属独立矿物或氧化物在燃烧过程中被高度熔融的铝硅酸盐包裹了起来,存在于内层中。对于含量较低的稀土及其他稀有金属,由于铝硅酸盐的包裹而无法被检出。

2.4 本章小结

本章研究了六地粉煤灰的基本性质,主要包括物理性质、物相组成、化学组成、形貌特征以及稀土元素的配分模式特征,主要结论包括以下几点:

(1) 所研究粉煤灰中未燃炭的含量均小于 5%,不具有放射性,密度为 $2.06\sim2.48$ g/cm^3,不同粉煤灰中磁性物含量和比表面积差异较大。

(2) 粉煤灰中有较多的玻璃相存在,其次为石英和莫来石,不同地区的粉煤灰中可能还有磁赤铁矿、刚玉、硅酸钙等。

(3) 粉煤灰中几乎含有上地壳中所有元素,一般为 SiO$_2$ 含量最高,其次为 Al$_2$O$_3$,但部分高铝粉煤灰中铝的含量可能超过硅。与上地壳中元素相比,粉煤灰中存在超常富集微量元素的能力。

(4) 所研究的粉煤灰中稀土元素的含量不等($296\sim782$ μg/g),高于中国和世界煤中稀土元素平均含量,大约是上地壳中稀土元素含量的 $2\sim6$ 倍,以轻稀土为主,属于轻稀土富集型。按近期稀土市场供求关系判断,六地粉煤灰中稀土的紧要程度大约 33%,前景系数大约 0.87,属于潜在的稀土来源。

参考文献

[1] 江丽珍,朱文尚,杜勇. GB/T 1596—2017《用于水泥和混凝土中的粉煤灰》新标准介绍[J]. 水泥,2018(3):55-58.

[2] 韩颖. 新旧版 GB 6566《建筑材料放射性核素限量》比较研究[J]. 中国个体防护装备,2011(4):23-27.

[3] 刘春力. 高铝粉煤灰铝硅分离应用基础研究[D]. 北京:中国科学院大学(中国科学院过程工程研究所),2019.

[4] QI L Q,LIU J X,LIU Q. Compound effect of CaCO$_3$ and CaSO$_4$ · 2H$_2$O on the strength of steel slag-cement binding materials[J]. Materials Research,2016,19(2):269-275.

[5] 赵蕾,代世峰,张勇,等. 内蒙古准格尔燃煤电厂高铝粉煤灰的矿物组成与特征[J]. 煤炭学报,2008,33(10):1168-1172.

[6] 王小芳,高建明,郭彦霞,等. 循环流化床粉煤灰与煤粉炉粉煤灰磁选除铁差异性研究[J]. 环境工程,2020,38(3):148-153.

[7] 厉超. 矿渣、高/低钙粉煤灰玻璃体及其水化特性研究[D]. 北京:清华大学,2011.

［8］ ZHANG W C,HONAKER R. Characterization and recovery of rare earth elements and other critical metals（Co,Cr,Li,Mn,Sr,and V）from the calcination products of a coal refuse sample[J]. Fuel,2020,267:117236.

［9］ 代世峰,任德贻,李生盛,等.鄂尔多斯盆地东北缘准格尔煤田煤中超常富集勃姆石的发现[J].地质学报,2006,80(2):294-300.

［10］黄小卫,冯兴亮,龙志奇,等.一种稀土与锶共伴生多金属矿综合回收工艺：CN102399999A[P].2012-04-04.

［11］TAYLOR S R,MCLENNAN S M. The continental crust:its composition and evolution[J]. Journal of Geology,1985,94(4):57-72.

［12］ SHAW D M, DOSTAL J, KEAYS R R. Additional estimates of continental surface Precambrian shield composition in Canada［J］. Geochimica et Cosmochimica Acta,1976,40(1):73-83.

［13］邓茂春,王登红,曾载淋,等.风化壳离子吸附型稀土矿圈矿方法评价[J].岩矿测试,2013(5):803-809.

［14］SEREDIN V V,DAI S. Coal deposits as potential alternative sources for lanthanides and yttrium[J]. International Journal of Coal Geology,2012,94:67-93.

3　粉煤灰中稀土元素赋存状态研究

赋存状态的研究能够反映稀土元素在粉煤灰中的物理化学特征和与其他元素的结合特征,对于稀土的回收利用具有重要指导作用。本章通过逐级化学提取方法,实现稀土元素赋存状态定量化,采用多种分级手段研究稀土元素的分配规律,观察粉煤灰中稀土元素赋存载体,建立粉煤灰中稀土元素与常量元素关系模型,揭示粉煤灰中稀土元素的赋存规律,进而能够指导粉煤灰中稀土元素的富集与回收。

3.1　逐级化学提取

逐级化学提取是通过特定的化学试剂,按由弱到强的顺序依次去溶蚀样品,将样品中不同形态下的元素依次溶解到特定溶液中,每一个步骤中元素成为一个"操作上"定义的地球化学相。这不仅能够实现稀土元素赋存状态的定量化研究,还能揭示稀土元素的浸出特性。

3.1.1　逐级化学提取流程设计

逐级化学提取方法设计于 1979 年[1],用于研究自然界沉积物中微量元素的化学形态,后经过多次发展[2-3],广泛地应用于煤样中元素的分析研究,为煤层地质演化和元素可溶性提供了科学依据。粉煤灰是煤炭燃烧后的主要产物,粉煤灰中稀土元素的赋存状态受制于煤中稀土元素的赋存状态,因此掌握煤中稀土元素的赋存状态是逐级化学提取流程设计的基础。

煤中的稀土元素,从可溶性的角度可以分为:水溶态,离子交换态,碳酸盐结合态,有机结合态,硅酸盐态和硫酸盐态[4]。鉴于脉石矿物中的一些矿物受热分解(如黄铁矿、石灰石等),铝硅酸盐矿物(如高岭石、埃洛石等)在高温燃烧中会发生熔融、重结晶,还有未燃炭含量低等情况,对稀土元素赋存状态会产生重要的影响,因此本书中改进逐级化学提取方法,将粉煤灰中稀土元素的赋存状态划分为离子交换态、酸可溶态、金属氧化物态、有机/硫酸盐结合态和铝硅酸盐结合态,如图 3-1 所示。

逐级化学提取的具体操作为:取 2 g 经过 110 ℃ 干燥后的粉煤灰样品,加入容积为 100 mL 的离心瓶中,倒入 20 mL 氯化镁溶液,密封后,放入水浴振荡箱中,在室温条件下振荡一段时间,而后进行 5 min 离心,使用滤膜加压过滤,上清液定容以备 ICP 测试,固体样品倒入后续溶液,按图 3-1 设定条件参数,重复以上操作,最后的固体残渣经过干燥后,采用消解方法测试所含稀土元素含量。测试后,计算每一步中稀土元素的浸出率,并计算整个试验中稀土元素的实际回收率。

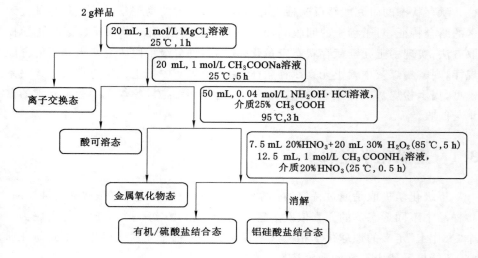

图 3-1　逐级化学提取流程图

3.1.2　粉煤灰中稀土元素的赋存状态

首先评估了逐级化学提取试验操作的准确性,经过汇总计算后,六地粉煤灰中稀土元素的实际回收率分别为:十里泉 90.42%,准格尔 97.36%,广安 98.53%,发耳 95.42%,盘北 94.28%,阿拉巴马 95.23%,符合试验要求。

六地粉煤灰中稀土元素赋存状态分布绘制于图 3-2 中,可以发现铝硅酸盐结合态约占整个稀土元素的 60%～80%,占主导地位,这与煤中脉石矿物主要为铝硅酸盐密不可分,并且在燃烧过程中,铝硅酸盐受热会变成熔融状态,包裹住稀土的其他赋存态,造成铝硅酸盐结合态成为稀土元素的主要赋存状态,并且处于绝对优势地位。

第二位是有机/硫酸盐结合态,主要指的是粉煤灰中未燃烧的炭以及固硫产物中的稀土元素,两种形态所用溶剂较为相近,提取结果具有很大的重复性,需要采用物理方法实现对样品的分离,或者将两者定义为一种"操作上"的相,除了

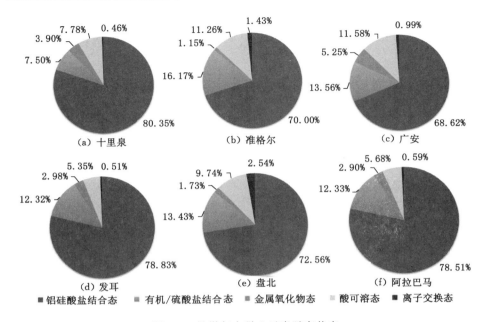

图 3-2 粉煤灰中稀土元素赋存状态

特定样品外(煤中黄铁矿的分离),难以实现二者物理的分离。本书中样品,难以实现未燃炭和硫酸盐组分的分离,因此定义为一个相。可以发现准格尔粉煤灰中有机/硫酸盐结合态占比最高,约占16.17%,但其含硫量为第二低,可能是由于在成煤阶段,来自准格尔盆地北方的阴山古陆带来的陆源碎屑,经长期淋溶和风化后形成了富含稀土的铝硅酸盐矿物,稀土元素被铝的胶体溶液带入泥炭沼泽中,造成了煤层有机质中富含稀土元素,其未燃炭中稀土元素占比较高。十里泉粉煤灰中,有机/硫酸盐结合态占比为六地粉煤灰中最低,为7.50%,并且略低于酸可溶态,这与其硫含量不高,稀土元素未在煤中有机质中富集等因素有关。广安和阿拉巴马粉煤灰中硫含量高于盘北和发耳,而前两者烧失量等于或略小于后两者烧失量,这可能与这四地粉煤灰中有机/硫酸盐结合态占比均在12%~14%有关。

稀土元素的酸可溶态所占比重在铝硅酸盐结合态和有机/硫酸盐结合态之后,酸可溶态主要指的是在弱酸性条件下,能够自然释放出稀土元素的载体成分,在粉煤灰中主要指的是生石灰等碳酸盐矿物煅烧后的产物。在六地粉煤灰中,准格尔和盘北粉煤灰为循环流化床产物,由于温度低的原因,存在许多脉石矿物碎屑,这部分中的稀土元素能够在弱酸性条件下溶解。在四地煤粉炉粉煤灰中,广安粉煤灰的酸可溶态占比最高,主要是其燃烧原煤中稀土矿的存在以及较高的含钙量,除了部分固硫产物硫酸钙外,其余以生石灰的形式存在,易于溶解;十里泉粉煤灰可能是受益于煤中氟碳钙铈矿的分解产物,能够在弱酸条件下浸出稀土离子。

稀土元素金属氧化物结合态的占比仅仅比离子交换态高,主要指的是稀土元素在粉煤灰中铁/锰/钛等金属氧化物中的分布,比如赤铁矿、磁铁矿及尖晶石等。

离子交换态主要指的是以吸附形式存在的稀土离子,比如我国南方地区的离子型稀土矿以及煤中勃姆石吸附的稀土元素[5]。

由此,可以初步建立稀土元素在煤与粉煤灰中的联系:粉煤灰中离子交换态的稀土元素以吸附形式存在,直接来源于煤中可能存在的离子型稀土矿或吸附稀土的勃姆石等矿物;酸可溶态的稀土元素主要赋存在石灰等煤中碳酸盐矿物煅烧的产物;金属氧化物态的稀土元素此处主要指的是与铁锰钛氧化物结合的稀土元素,由于铁锰钛氧化物密度较大,大部分一般会进入底灰中,只有少部分进入飞灰中,这也是造成金属氧化物态的稀土元素占比较低的原因之一;有机/硫酸盐结合态主要指的是未燃炭和部分硫酸盐,对应了煤基中分布在有机质和硫酸盐中的稀土元素;铝硅酸盐态主要指的是被玻璃体所包裹住的稀土元素,这一部分主要来源于赋存在铝硅酸盐矿物中的稀土元素,另外,煤中其他赋存状态的稀土元素,也极有可能被熔融的铝硅酸盐包裹住,而无法实现在前面的过程中提取出来。

综上,铝硅酸盐态是稀土元素的主导赋存状态,所占比例在 60%～80%,它对稀土元素的回收有重要作用;其余赋存状态的稀土元素,能够在相对温和的条件下实现化学浸出。

3.2 不同粒度级中稀土元素的分布规律

3.2.1 粒度分级方法与评估

将粉煤灰样品放置在 70 ℃烘箱内干燥,经堆锥法缩分取样 200 g,采用标准试验套筛(100 目、120 目、140 目、200 目、270 目、325 目、400 目和 500 目)进行湿法筛分,将获得 $-150+125~\mu m$、$-125+100~\mu m$、$-100+74~\mu m$、$-74+55~\mu m$、$-55+45~\mu m$、$-45+38~\mu m$、$-38+25~\mu m$ 和 $-25~\mu m$ 粒度级。对于 $-25~\mu m$ 粒度级,利用斯托克斯公式[式(3-1)]分离出 $-25+10~\mu m$ 和 $-10~\mu m$ 两个粒度级。将所有粒度级烘干后称重,对于同一粉煤灰样品试验重复三次,获得平均值。

$$v = \frac{h}{t} = \frac{(\rho_\mathrm{s} - \rho_\mathrm{f})\,g\,d^{\,2}}{18\mu} \tag{3-1}$$

式中　　v——颗粒的自由沉降速度,m/s;

　　　　d——颗粒直径,m;

　　　　g——重力加速度,m/s²;

　　　　ρ_s——颗粒密度,kg/m³;

　　　　ρ_f——液体密度,kg/m³;

　　　　μ——液体黏度,20 ℃时水的黏度为 0.001 Pa·s。

经过湿法筛分后六地粉煤灰的粒度组成绘于图 3-3 中。从图中可以发现,六地粉煤灰粒度普遍低于 150 μm,－25 μm 颗粒占比较大,其中盘北与准格尔粉煤灰粒度最细,这可能是循环流化床中原煤颗粒燃烧时间较长,促使矸石矿物充分解离破碎成小颗粒样品,并且在 800 ℃的条件下,颗粒难以熔融、重新结合

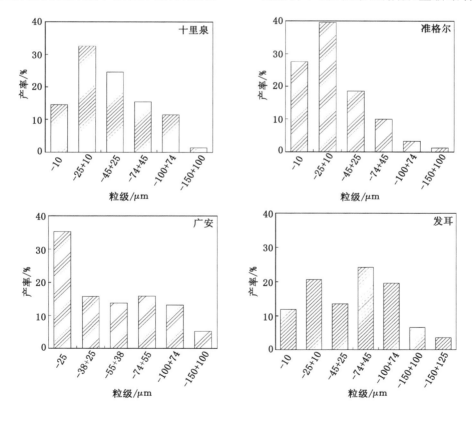

图 3-3　六地粉煤灰的粒度组成

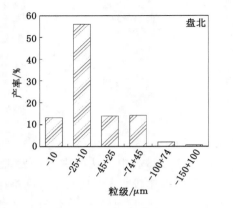
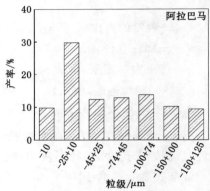

图 3-3（续）

形成大颗粒。发耳、广安与阿拉巴马粉煤灰的粒度较大,约有 30% 的颗粒属于 +74 μm 粒度级,可能是由于某燃烧过程中存在较多的含铁矿物,其生成的颗粒较大,并且铝硅酸盐熔融重结晶实现了颗粒的生长。

粒度组成将对物理分选效果产生很大的影响,其分选指标会随着颗粒粒度的变化而变化,为了进一步了解六地粉煤灰的颗粒组成,采用 FBRM 技术分析了粒度组成,绘制了粒度分布曲线,见图 3-4。各粉煤灰样品的中值（D_{50}）分别为:十里泉 20.98 μm、准格尔 17.65 μm、广安 30.85 μm、发耳 45.04 μm、盘北 16.95 μm、阿拉巴马 50.78 μm。各粉煤灰样品的 D_{90} 值分别为:十里泉 54.95 μm、准格尔 53.65 μm、广安 81.56 μm、发耳119.56 μm、盘北 51.26 μm、

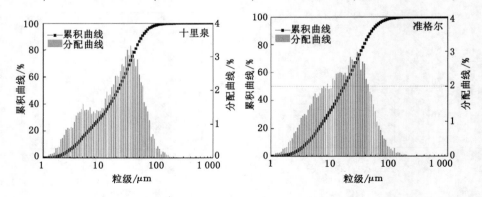

图 3-4　六地粉煤灰的粒度分布曲线

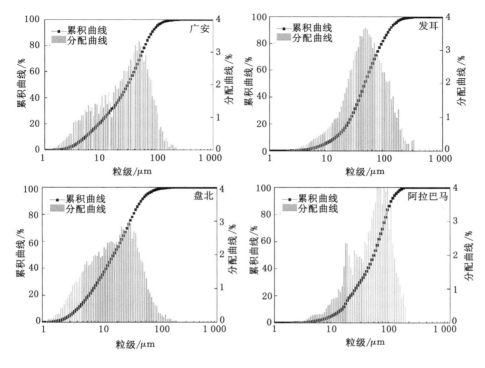

图 3-4(续)

阿拉巴马 100.68 μm。由此可见六地粉煤灰粒径由大到小的顺序为:发耳＞阿拉巴马＞广安＞十里泉＞准格尔＞盘北。粒径测定结果与湿法筛分结果一致,证明了粒度分级方法准确可靠,保障了后续稀土元素在不同粒级中分配规律研究,消除了潜在的影响。

3.2.2　稀土元素的分布特征

六地粉煤灰中稀土元素在不同粒度级中含量和分配结果如图 3-5 所示,发现最小粒度级中稀土含量最高,并且随着粒度的逐级增加,稀土元素的含量逐级降低,其中,广安粉煤灰中稀土元素含量在 -25 μm 粒度级中达到 900 μg/g,为最高值,相比较初始稀土元素含量(782 μg/g)富集系数约为 1.15,其余粉煤灰中稀土元素的富集系数在 1.04～1.13。经过对固体样品中进行数质量平衡计算,发现换算后的稀土元素总量减少了 0～7% 不等。除了系统误差外,经对水样中稀土元素测定,认定部分稀土元素在湿法粒度分级的过程中进入水样中,这可能是由于多次筛分能量的输入,在水流、脱附等作用下导致稀土元素进入溶液中。从稀土元素的分配来看,细颗粒中稀土元素分配较多,粗颗粒中稀土元素分

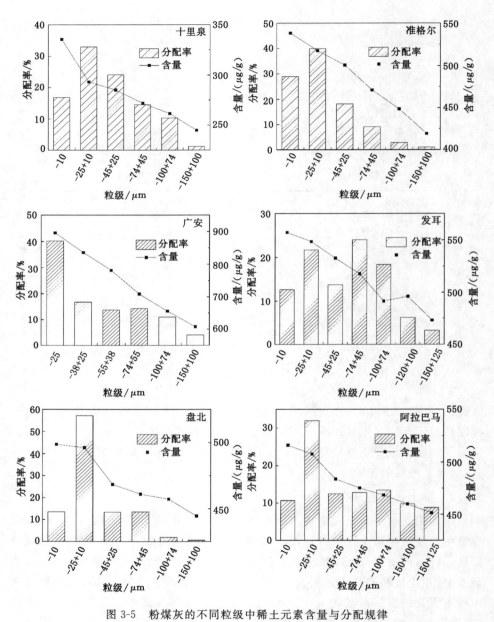

图 3-5　粉煤灰的不同粒级中稀土元素含量与分配规律

配较少,并且受粒度级自身的分配比例影响较大。特别地,六地粉煤灰在－25 μm 粒度级中稀土元素的分配比均达到或者高于 40％,其中准格尔和盘北粉煤灰在－25 μm 粒度级中稀土元素的占比达到了 70％。可见,粉煤灰中稀土元素主要分布在细颗粒粒级中。

3.3 不同磁性组分中稀土元素的分布规律

3.3.1 磁性分级方法与评估

磁选是根据分选对象中不同组分的磁性差异,在高强度磁场中,实现了有用组分与无用组分的分离。磁选可以分为干法磁选和湿法筛选,针对煤灰等煤的副产品,Lin 等[6]设计了一套干法磁选的装置,具体方法为:将样品平铺在可升降的平台上,上方为通电磁铁,将样品中磁性组分吸引到电磁铁表面,停止通电后,磁铁表面样品自动脱落,通过调整样品表面与电磁铁之间的距离来改变磁场强度,实现不同磁性组分的分离。该方法的优点是简单易行、空间灵活,但是存在错配比高,样品平铺有厚度,会带来分散不均匀的问题。湿法筛分能够较好地解决颗粒分散不均匀的问题,因此,本试验中利用 DTCXG-ZN50 磁选管作为磁选装置,通过调整电磁铁的通电电流,改变磁场强度,实现粉煤灰中不同磁性组分的分离。具体操作为:检查设备,确保运行正常,称取烘干样品 20 g±20 mg 放入 1 000 mL 的烧杯中,加入 2 mL 酒精和 500 mL 的水,搅拌均匀同时确保颗粒充分润湿,将设备通电,调整到设定电流,而后按照磁选管操作规程进行磁性分级。逐渐升高通电电流,重复上述步骤,将非磁性物质进行多次磁选,设定电流依次为 1 A、2 A、3 A、4 A 和 5 A,保证磁场强度逐级提高。经过磁选后粉煤灰样品分成了 1、2、3、4、5 和 6(非磁性组)共六组产品,分别对应 1 A、2 A、3 A、4 A 和 5 A 电流下的磁性产品和最后的非磁性产品,其中,十里泉、准格尔和盘北粉煤灰中磁性组分含量太少(不足 3%),因此这三种粉煤灰中只有两个产品,分别为磁性产物和非磁性产物。各磁性产物经过干燥脱水后称重,计算各个磁性组分产率和回收率。各个组分经过消解后,测试稀土元素含量,明确稀土元素分配规律。

本次磁选的结果如图 3-6 所示,结果表明,在粉煤灰中非磁性物质占主要地位,这与粉煤灰中铝硅含量占比较高的基本事实相符合。十里泉、准格尔和盘北粉煤灰中非磁性组分在 97% 以上的试验结果说明,这三地粉煤灰不具有磁性,这可能是由粉煤灰中较低的含铁量以及燃烧入料煤质和燃烧条件所决定的。对于其他三地粉煤灰,随着通电电流的提高,磁场强度提高,所获得的产量逐级提高,磁性组分(1~5)的总和,均超过了本身氧化铁的含量,一般情况下,磁选管实验分选效果好,所以除了少量颗粒是因为夹杂混入外,更多的是因为粉煤灰中铁氧化物的连生体比较多,造成了磁性组分高过理论值,即氧化铁含量。值得注意的是三地粉煤灰中 1 号组分中氧化铁的含量较高,分别为广安 50.46%、发耳

71.95％、阿拉巴马63.65％,已经接近或达到铁矿石的品位;2号组分中氧化铁的含量分别为广安37.56％、发耳31.49％、阿拉巴马32.46％。这表明粉煤灰中的铁元素可以采用磁选的方法加以回收利用。

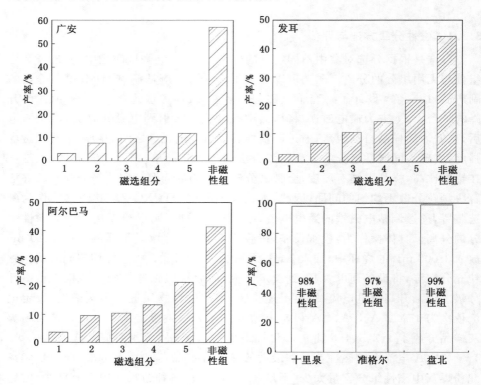

图 3-6   六地粉煤灰的磁性组成

3.3.2   稀土元素的分布特征

六地粉煤灰中稀土元素在不同磁性组分中稀土元素的含量和分配结果如图 3-7 所示。

由于十里泉、准格尔和盘北三地粉煤灰中磁性组分含量低,对其稀土元素分配的影响甚微。对于广安、发耳和阿拉巴马三地的粉煤灰,可以发现随着组分磁性的降低,稀土元素的含量逐渐提高:广安粉煤灰从 611 $\mu g/g$ 到 879 $\mu g/g$,发耳粉煤灰从 318 $\mu g/g$ 到 557 $\mu g/g$,阿拉巴马粉煤灰从 257 $\mu g/g$ 到 470 $\mu g/g$,稀土元素富集系数为广安1.12、发耳1.07 和阿拉巴马1.05。从分配规律上来看,稀土元素的分配趋势与含量趋势相近,稀土元素在非磁性组分的比例为:广安62％、发耳50％、阿拉巴马45％。单一稀土元素趋势与整体稀土元素的情况虽

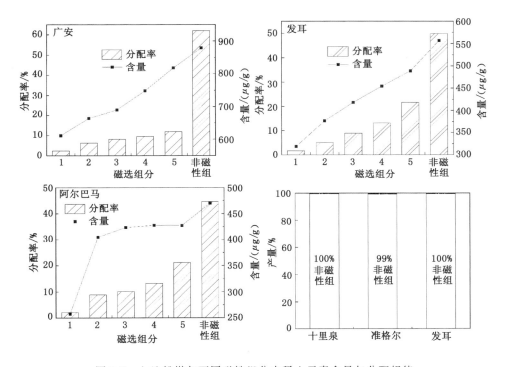

图 3-7　六地粉煤灰不同磁性组分中稀土元素含量与分配规律

略有差别,但是整体相似。总之,非磁性组分中稀土元素含量高,含铁较多的粉煤灰可以通过磁选的方法对稀土元素进行富集。

3.4　不同密度级中稀土元素的分布规律

3.4.1　密度分级方法与评估

文献[6-9]表明,由于燃烧原煤性质的差异,粉煤灰中的矿物组成不尽相同,包含多种典型的矿物质与物相,具体内容如表 3-1 所示。这些矿物质具有不同的密度,这就为重力分选密度的选择提供了重要参考。而且常见的稀土矿物,如独居石、氟碳铈矿、磷钇石等密度在 3.9~5.5 g/cm³,这与煤中常见矿物有较大的密度差。值得注意的是在 3.1 节对稀土元素赋存状态的研究,发现稀土元素主要赋存在铝硅酸盐结合态中,这将对稀土元素在密度级中的分配产生重要影响。因此,综合考虑六地粉煤灰的密度、矿物组成与稀土元素的赋存状态,将密度级分为<2.0 g/cm³、2.0~2.2 g/cm³、2.2~2.4 g/cm³、2.4~2.6 g/cm³、

$2.6\sim2.8$ g/cm³、>2.8 g/cm³,探究稀土元素在不同密度级中的分配规律。

表 3-1　煤或粉煤灰中物相的化学式和密度

矿物(物相)	化学式	密度/(g/cm³)
玻璃相	非晶型 SiO_2	$2.4\sim2.6$
石英	SiO_2	$2.59\sim2.63$
高岭石	$Al_2Si_2O_5(OH)_4$	$2.61\sim2.68$
三水铝石	$Al(OH)_3$	2.40
莫来石	$Al_6Si_2O_{13}$	$3.11\sim3.26$
钠长石	$Na_{1.0\sim0.9}Ca_{0.0\sim0.1}Al_{1.0\sim1.1}Si_{3.0\sim2.9}O_8$	$2.6\sim2.65$
正长石	$KAlSi_3O_8$	$2.55\sim2.63$
云母	$K(Mg,Fe^{2+})_3(Al,Fe^{3+})Si_3O_{10}(OH,F)_2$ $KAl_2(Si_3Al)O_{10}(OH,F)_2$	$2.7\sim3.3$
方解石	$CaCO_3$	2.71
尖晶石	$MgAl_2O_4$	$3.6\sim4.1$
赤铁矿	$\alpha\text{-}Fe_2O_3$	5.26
磁铁矿	$Fe^{2+}Fe_2^{3+}O_4$	5.18
黄铁矿	FeS_2	5.01
石膏	$CaSO_4\cdot2H_2O$	2.31

利用三溴甲烷与苯配制所需密度的重液(2.0 g/cm³、2.2 g/cm³、2.4 g/cm³、2.6 g/cm³、2.8 g/cm³),按照国标《煤炭浮沉试验方法》(GB/T 478—2008)对粉煤灰进行小浮沉。各级产物经干燥脱水后称重,计算回收率。六地粉煤灰各密度级产率如图 3-8 所示。

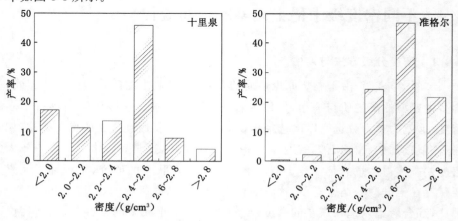

图 3-8　六地粉煤灰的密度组成

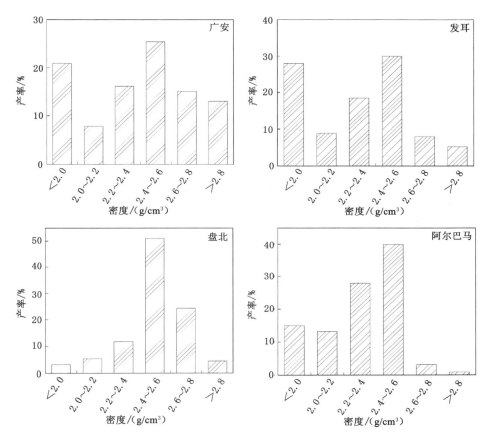

图 3-8(续)

由图 3-8 可见,在十里泉粉煤灰中主导密度级为 2.4～2.6 g/cm³,所占比例接近 50%,类似情况还出现在盘北和阿拉巴马粉煤灰中;在准格尔粉煤灰中主导密度级为 2.6～2.8 g/cm³,紧接着是 2.4～2.6 g/cm³;在广安和发耳粉煤灰中,各个密度级分布均匀,差别较小。总体而言,粉煤灰中在 2.4～2.8 g/cm³ 密度级的组分最多,这与 3.3 节中粉煤灰组成分析的结果一致,因其主要的组成是石英和铝硅矿物。值得注意的是,根据结果推测,粉煤灰中颗粒的解离可能不完全,导致密度分离难以取得较为理想的情况,比如阿拉巴马粉煤灰中铁含量较高,但是 >2.8 g/cm³ 密度级比例很小;而准格尔粉煤灰中铁含量很低,但是 >2.8 g/cm³ 密度级比例很大。这应该是由于燃烧过程中矿物熔融重结晶给密度分选带来的局限性。

3.4.2 稀土元素的分布特征

六地粉煤灰中稀土元素在不同密度级中的分配比例和含量如图 3-9 所示，从稀土分配结果来看，与各个密度级产率一致，在稀土元素含量变化范围有限的情况下，产率是影响稀土分配的主要因素。从稀土元素的含量来看，在十里泉中，$>2.8 \ \mathrm{g/cm^3}$ 密度级中稀土元素的含量最低，其他密度组分中稀土元素含量相近，据推测应该是粉煤灰中不存在独立的稀土矿物导致 $>2.8 \ \mathrm{g/cm^3}$ 密度级中稀土元素的含量最低，而在燃烧过程中稀土元素随着熔融的铝硅酸盐流动，使其在各个密度级中的分配趋向平均，导致其他密度级中稀土元素含量相近，类似的结果也出现在阿拉巴马粉煤灰中。其余四地粉煤灰中稀土元素含量均呈现"两头低，中间高"的特点，即使顶点值出现密度级有不同，表明稀土元素在粉煤灰中玻璃相及铝硅酸盐中富集，这是因为这四地燃烧原煤中稀土元素主要以热液侵

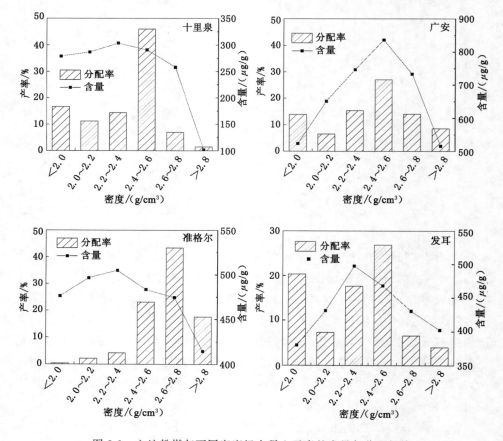

图 3-9　六地粉煤灰不同密度级中稀土元素的含量与分配规律

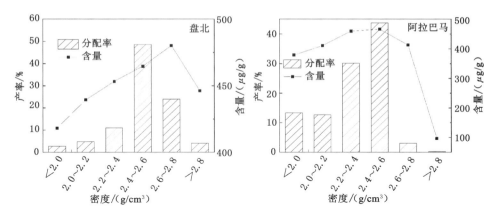

图 3-9（续）

蚀或者沉积吸附的形式与铝硅酸盐矿物伴生在一起[10-11]。

通过对固体中稀土元素的平衡计算发现，经过密度分选后，固体中稀土元素总量减少了 2%～17% 不等：十里泉 6%、准格尔 10%、广安 14%、发耳 17%、盘北 3%、阿拉巴马 2%。这可能是因为稀土元素在有机溶剂中发生了溶解[12-13]。由于稀土元素的溶解，造成了除广安和阿拉巴马的 2.4～2.6 g/cm³ 密度级含量增高外（1.07% 和 1.04%），其余组分中稀土元素含量均未高于初始粉煤灰中稀土元素的含量。因此可以判断，粉煤灰中稀土元素在 2.4～2.8 g/cm³ 密度级中富集，但受制于稀土元素在有机溶剂中的溶解，对富集效果具有一定的影响。

3.5 粉煤灰中稀土元素与常量元素的关系

粉煤灰中稀土元素属于微量元素，其赋存状态与粉煤灰中常量元素的分布具有密切的联系，可通过数理统计方法，研究稀土元素含量与常量元素含量的统计学规律，对稀土元素的赋存状态做出推断，形成稀土元素的预测模型。因此，在本书中通过 Statistical Product and Service Solutions 软件，对粉煤灰原样及各不同组分中稀土元素和常量元素含量进行皮尔森相关性分析，而后选用合适的常量元素，建立与稀土元素的线性回归模型，预测稀土元素含量。皮尔森相关性分析结果 K 值（-1～1），1 为正相关，-1 为负相关，其显著性（Sig 值）越小，证明差异越小，结果越可靠。本书的分析结果如表 3-2 所示，可以发现六地粉煤灰中铝硅含量与稀土元素含量呈正相关，并且 Sig 值均小于 0.01，这也表明了稀土元素与铝硅元素在分配规律上的一致性，除广安铝、硅的 K 值接近外，其余五

地粉煤灰均是 $K_{Al} > K_{Si}$，在一定程度上说明稀土元素与铝的紧密程度高于硅。K_{Fe} 和 K_{Ti} 值均为负值，并且十里泉、准格尔、发耳及盘北两 K 值均小于 0.01，非常显著；广安 K_{Fe} 和 K_{Ti} 均不显著；阿拉巴马 K_{Fe} 显著，K_{Ti} 不显著。对于硫元素与稀土元素的关系，六地粉煤灰表现了差异性，十里泉、准格尔和阿拉巴马为正相关，而广安、发耳和盘北为负相关，但显著性较大，结果并不可靠。

表 3-2　粉煤灰中稀土与常量元素含量的皮尔森相关性

皮尔森系数	K_{Si}	K_{Al}	K_{Fe}	K_S	K_{Ti}
十里泉	0.669**	0.800**	−0.952**	0.511	−0.948**
准格尔	0.729**	0.950**	−0.935**	0.562*	−0.917**
广安	0.621**	0.604*	−0.432	−0.147	−0.297
发耳	0.693**	0.800**	−0.678**	−0.153	−0.646**
盘北	0.833**	0.953**	−0.879**	−0.173	−0.850**
阿拉巴马	0.620**	0.624**	−0.681**	0.507*	−0.440

注：**，Sig<0.01；*，Sig<0.05。

经过皮尔森系数初步判断后，将铝硅作为正相关一组进行线性回归分析，铁钛为负相关一组进行线性回归分析，硫的皮尔森系数并未完全指示其归属，根据文献推测，粉煤灰中硫主要来源于硫化铁等硫化物，推测硫与铁性质相近，因此将硫与铁划分为一组。六地粉煤灰稀土元素与常量元素线性回归分析结果如表3-3 所示，共列出 12 种线性回归模型。通过显著性判断，广安和阿拉巴马粉煤灰的四个预测模型较其他模型的可靠性差，这样符合皮尔森分析中 K 值距离 1远且不显著等结论。其余粉煤灰模型中，以准格尔和盘北模型结果最优，四个模型的 R^2 分别为 0.957、0.909、0.918 和 0.829，说明四个方程式能够很好地说明稀土含量和常量元素含量的统计学规律，能够通过常量元素含量预测稀土元素的含量，对快速鉴定稀土元素具有重要意义。根据 R^2 比对，十里泉粉煤灰回归模型优于发耳粉煤灰回归模型，特别是在稀土元素与铁硫钛的模型上面。结合六地粉煤灰中主要成分分析，发现铁含量较少的粉煤灰建立线性回归模型的结果要优于含铁量较高的粉煤灰，可能是含铁组分的高密度、高磁性使上述分选方法中稀土元素与常量元素含量的关系发生了偏移，导致了相关程度和回归模型的结果不佳；循环流化床粉煤灰的模型优于煤粉炉粉煤灰的模型，可能是循环流化床中粉煤灰未经历过熔融重结晶过程，稀土分布规律并未被明显地打乱重组。可见，根据常量元素利用数理统计预测稀土元素含量的方法更适用于含铁量较少的循环流化床粉煤灰。

表 3-3 六地粉煤灰中稀土与常量元素含量的回归分析

试样		公 式	Sig	R^2
十里泉	REY 对 Si-Al	$C_{REY} = 9.142C_{Al} + 1.897C_{Si} - 103.55$	0.002	0.662
	REY 对 Fe-S-Ti	$C_{REY} = -6.407C_{Fe} - 64.647C_S - 47.561C_{Ti} + 404.636$	0.000	0.924
准格尔	REY 对 Si-Al	$C_{REY} = 7.379C_{Al} + 3.916C_{Si} - 88.914$	0.000	0.957
	REY 对 Fe-S-Ti	$C_{REY} = -9.810C_{Fe} - 541.808C_S - 6.262C_{Ti} + 689.788$	0.000	0.909
广安	REY 对 Si-Al	$C_{REY} = 7.243C_{Al} + 7.037C_{Si} + 253.229$	0.014	0.414
	REY 对 Fe-S-Ti	$C_{REY} = -9.256C_{Fe} - 208.006C_S + 40.726C_{Ti} + 972.989$	0.103	0.330
发耳	REY 对 Si-Al	$C_{REY} = 17.684C_{Al} - 2.402C_{Si} + 209.248$	0.000	0.657
	REY 对 Fe-S-Ti	$C_{REY} = -2.327C_{Fe} - 392.772C_S - 12.299C_{Ti} + 621.615$	0.005	0.546
盘北	REY 对 Si-Al	$C_{REY} = -1.082C_{Al} + 11.850C_{Si} + 255.599$	0.000	0.918
	REY 对 Fe-S-Ti	$C_{REY} = -4.452C_{Fe} - 86.635C_S + 27.367C_{Ti} + 439.544$	0.000	0.829
阿拉巴马	REY 对 Si-Al	$C_{REY} = -3.140C_{Al} + 7.795C_{Si} + 101.570$	0.008	0.729
	REY 对 Fe-S-Ti	$C_{REY} = -13.411C_{Fe} + 151.072C_S + 131.646C_{Ti} + 287.464$	0.029	0.592

3.6 粉煤灰中稀土元素的赋存载体

随着对粉煤灰中稀土元素赋存状态的研究深入,查明稀土元素在微观尺度下的赋存载体变得尤为重要,这将对后续稀土元素的分离提取具有积极的指导作用。粉煤灰源自煤炭燃烧,稀土元素在粉煤灰中的赋存载体天然与煤中赋存载体相关,据有关文献表明[14-16],煤中稀土元素赋存载体包括独立的稀土矿物、磷(碳、硫)酸盐矿物以及部分有机质。近五年,有关煤灰中稀土元素赋存载体的报道逐渐增多。独立的稀土矿物(独居石)出现在燃烧后的飞灰和底灰中[17];通过透射电镜与能谱分析,在铝硅玻璃体中检测到稀土信号[18];在煤灰中也发现了锆石与稀土元素的结合[19];在高角度环形暗场扫描透射电子显微镜与能谱仪的支持下,Hower 等发现稀土元素镶嵌在未燃炭周边[20]。但是由于稀土元素含量低及燃烧条件的复杂性,对于赋存载体研究需要持续加强与完善。本小节利用电子显微镜观察和能谱分析,研究粉煤灰颗粒形态,着重寻找观察稀土元素赋存载体形貌与组成,并对主要物相的典型形态进行阐述。

电子显微镜和能谱分析的结果如图 3-10 和图 3-11 所示,通过能谱分析元素的重量和原子百分比推测稀土元素的组成,结合形貌特征判断稀土赋存载体的存在形式,其中,碳元素默认是能谱击穿颗粒后,导电胶带带来的含量,可以忽

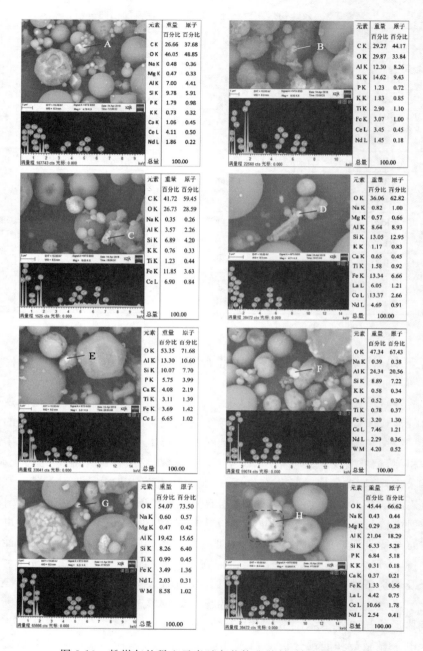

图 3-10　粉煤灰的稀土元素赋存载体背散射图和能谱分析

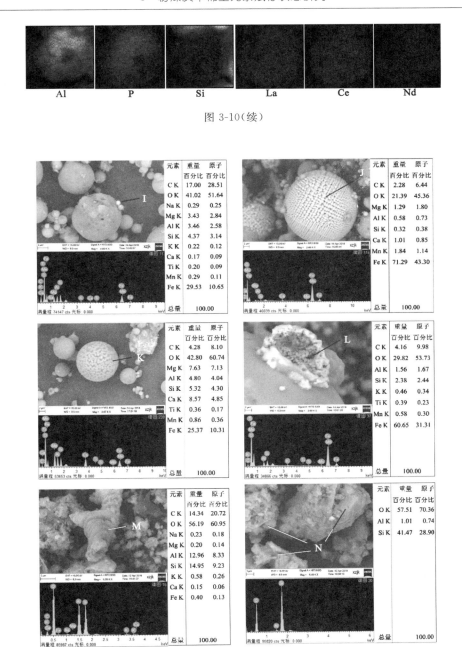

Al　　　　　P　　　　　Si　　　　　La　　　　　Ce　　　　　Nd

图 3-10(续)

图 3-11　粉煤灰的颗粒背散射图和能谱分析

略不计。A点的独居石小颗粒散布在铝硅酸盐小球的表面,根据能谱分析,认为载体小球为钙铝、镁黄长石。而B点的独居石小颗粒被包裹在玻璃相内,导致铝硅含量较高且亮度较小。C、D亮点处具有一定含量的稀土元素,而且并无磷元素,具有较高含量的铁元素,推测存在铁酸盐(尖晶石),这可能是稀土元素随着熔融态的铝硅酸盐相流动,以铁氧化物为骨架,外敷玻璃相的结构快速形成[21],将玻璃相携带的稀土元素包含在内,形成如C、D这样的结果。Kolker等[22]通过SHRIMP-RG离子微探针也证实了稀土元素在铁氧化物中的存在,同时也指出铁氧化物中稀土元素含量具有极大的差异。E处颗粒为前两种赋存形式的混合,即独立的稀土磷酸盐矿物(独居石)颗粒以被包裹或连接形式与玻璃体相结合,该玻璃体可能含有铁氧化物或存在铁铝尖晶石。F和G处除了少量的硅元素外,其余的均为氧和金属元素,包括稀土元素、大量的铝、少量的铁及少量的钨,稀土元素的存在形式应该为稀土氧化物,其余物相为钨酸盐(钨矿)、氧化铁、氧化铝及铝硅酸盐相。由于粉煤灰中稀土元素原子序数靠后,在扫描电镜下往往更为明亮,同样地,铁、钨等金属成分在扫描电镜下也更为明亮,因此,在寻找过程中,极易发现稀土元素与铁、钨等金属结合的载体相,稀土元素与玻璃相结合组分由于观察时不明显,往往难以发现。H区域为一处粉煤灰中稀土元素典型的赋存载体,元素种类多样,为了明确稀土元素的赋存关系,对该区域进行了元素面扫,结果如其下方的元素分布图。图内越亮代表元素存在的概率越高、含量越多。可以很明显地发现,稀土元素的分布区域与铝、磷元素的分布区域一致,恰好与硅的分布区域交错开,这说明稀土元素与铝、磷元素的紧密程度远超与硅的紧密程度,这与3.5节中皮尔森相关性分析中$K_{Al} > K_{Si}$的结论相符合。据此推测,稀土元素与硅的紧密程度可能是宏观研究的结果,只是因为硅元素在粉煤灰中的大量存在,导致低含量的稀土元素与硅产生联系。

图3-11所示为粉煤灰中颗粒的常见形态,I、J、K和L均为铁元素的主要分布形态;I为一个独立的磁珠附着在铝硅酸盐颗粒表面;J处呈现为微晶紧密排列状,元素以铁、锰和氧为主,经过与煤中铁矿物形貌比对,认为该颗粒应该来源于草莓状黄铁矿。草莓状黄铁矿尚未建立一种普遍的形成机制,但其形状特征极为明显:由大小相近的具有似球-球状黄铁矿微晶聚集、堆积而成的球状集合体,具有离散、等维及等形的特征[23-26]。草莓状黄铁矿在燃烧过程中,硫结合氧气生成二氧化硫,进入炉内或烟道气中,氧原子取代了硫原子,原来的草莓状保留了下来。K和L处均为粉煤灰中铁载体的形态,但K处为粒状或柱状黄铁矿在燃烧过程中断裂,被方解石燃烧产物生石灰所包裹,形成以铁为骨架的致密小球,而L处为胶状黄铁矿燃烧的原生形态,仅仅附着在玻璃相的表面。M处为典型的层状黏土矿经过燃烧之后的产物,属于铝硅酸盐。N处为典型的不定形的玻璃相,是粉煤灰中除

了球形玻璃相外的主要形貌,这些玻璃相的存在,极有可能在燃烧过程中呈熔融态时,将稀土载体颗粒等包裹在其内,导致扫描电镜观察不到,不利于后续稀土元素的提取利用。

3.7　本章小结

本章通过多种技术手段,表征了稀土元素在粉煤灰中的赋存状态与分配规律,掌握了稀土元素在微观尺度上的赋存载体,具体结论如下:

(1)设计了逐级化学提取流程,建立了粉煤灰中稀土元素与煤中稀土来源的关系,表征了稀土元素的赋存状态,发现铝硅酸盐结合态为主导赋存状态,赋存其中的稀土元素占比在60％～80％,然后依次为有机/硫酸盐结合态、酸可溶态、金属氧化物态和离子交换态,后面这些赋存状态下的稀土元素能够在较为温和的条件下实现提取。

(2)通过湿法筛分和FBRM技术研究了粉煤灰的粒度,结果表明粉煤灰颗粒较小,细粒级占比较高。总结了稀土元素在不同粒级中的分配规律,发现在细粒级中稀土元素的含量较高,最高富集系数可以达到1.15,并且稀土元素主要分配在粒级较小的组分中,这为粒度分级富集稀土元素提供了理论依据。

(3)经过磁性分选后发现,稀土元素主要分布在非磁性组分中,其稀土含量也高于其他组分,最高富集比为1.12。同时发现,在磁性最强的组分中,氧化铁的含量可以达到50.46％(广安)、71.95％(发耳)、63.65％(阿拉巴马),这为磁选回收铁元素、富集稀土元素提供了理论依据。

(4)密度分选的结果具有一定的差异性,稀土元素含量最高点出现2.4～2.8 g/cm³密度级,富集系数仅有广安和阿拉巴马为正值,稀土元素的分配比例与产率关系紧密。在分选过程中,部分稀土元素溶于有机重液中,使得固体中稀土元素含量整体降低。

(5)通过数值分析的方法,研究了稀土元素与铝、硅、铁等元素的皮尔森相关性,发现稀土元素与铝、硅为正相关,分配规律具有一致性,与铝的紧密程度强于硅,稀土元素与铁、钛呈负相关。建立了稀土元素含量的线性回归预测模型,其中最优模型如式(3-2)所示,极为显著,R^2为0.957。

$$C_{REY} = 7.379C_{Al} + 3.916C_{Si} - 88.914 \tag{3-2}$$

(6)利用扫描电子显微镜和能谱仪,研究了稀土元素的主要载体形态,发现了包括独立的稀土矿(或附着于玻璃相)、稀土氧化物、存在于玻璃相中以及与铁氧化物结合在内的四种形式,相比于硅元素,稀土元素与铝、磷关系更为紧密。

参考文献

[1] TESSIER A, CAMPBELL P G C, BISSON M. Sequential extraction procedure for the speciation of particulate trace metals[J]. Analytical Chemistry,1979,51(7):844-851.

[2] FINKELMAN R B, PALMER C A, KRASNOW M R, et al. Combustion and leaching behavior of elements in the Argonne Premium Coal Samples [J]. Energy & Fuels,1990,4(6):755-766.

[3] PAN J H, NIE T C, VAZIRI HASSAS B, et al. Recovery of rare earth elements from coal fly ash by integrated physical separation and acid leaching[J]. Chemosphere,2020,248:126112.

[4] DAI S F, LI D H, REN D Y, et al. Geochemistry of the Late Permian No. 30 coal seam, Zhijin Coalfield of Southwest China: influence of a siliceous low-temperature hydrothermal fluid[J]. Applied Geochemistry,2004, 19(8):1315-1330.

[5] 刘大锐,高桂梅,池君洲,等.准格尔煤田黑岱沟露天矿煤中稀土及微量元素的分配规律[J].地质学报,2018,92(11):2368-2375.

[6] LIN R H, HOWARD B H, ROTH E A, et al. Enrichment of rare earth elements from coal and coal by-products by physical separations[J]. Fuel, 2017,200:506-520.

[7] 钱觉时,吴传明,王智.粉煤灰的矿物组成(上)[J].粉煤灰综合利用,2001, 14(1):26-31.

[8] 钱觉时,王智,吴传明.粉煤灰的矿物组成(中)[J].粉煤灰综合利用,2001, 14(2):37-41.

[9] 钱觉时,王智,张玉奇.粉煤灰的矿物组成(下)[J].粉煤灰综合利用,2001, 14(4):24-28.

[10] 代世峰,任德贻,周义平,等.煤型稀有金属矿床:成因类型、赋存状态和利用评价[J].煤炭学报,2014,39(8):1707-1715.

[11] 代晓光,吕叶辉,赵寒,等.内蒙古上库力地区萤石矿稀土元素地球化学特征及成因探讨[J].化工矿产地质,2018,40(3):166-172.

[12] 陈滇,王连波,邱发礼,等.苯甲酸与磷酸三丁酯对稀土元素的协同萃取 [J].北京大学学报(自然科学版),1980,16(2):87-91.

[13] 冯林永,蒋训雄,汪胜东,等.从磷矿中分离轻稀土的研究[J].矿冶工程,

2012,32(3):89-91.

[14] HOWER J C, RUPPERT L F, EBLE C F. Lanthanide, yttrium, and zirconium anomalies in the Fire Clay coal bed, Eastern Kentucky[J]. International Journal of Coal Geology,1999,39(1/2/3):141-153.

[15] SEREDIN V V. Rare earth element-bearing coals from the Russian Far East deposits[J]. International Journal of Coal Geology, 1996, 30(1/2): 101-129.

[16] DAI S F,REN D Y,CHOU C L,et al. Geochemistry of trace elements in Chinese coals: a review of abundances, genetic types, impacts on human health, and industrial utilization [J]. International Journal of Coal Geology,2012,94:3-21.

[17] HOWER J C,CANTANDO E,EBLE C F,et al. Characterization of stoker ash from the combustion of high-lanthanide coal at a Kentucky bourbon distillery[J]. International Journal of Coal Geology,2019,213:103260.

[18] HOWER J,QIAN D L,BRIOT N,et al. Nano-scale rare earth distribution in fly ash derived from the combustion of the fire clay coal,Kentucky[J]. Minerals,2019,9(4):206.

[19] HOOD M M,TAGGART R K,SMITH R C,et al. Rare earth element distribution in fly ash derived from the fire clay coal,Kentucky[J]. Coal Combustion and Gasification Products,2017,9(1):22-33.

[20] HOWER J C,GROPPO J G. Rare Earth-bearing particles in fly ash carbons: examples from the combustion of eastern Kentucky coals [J]. Energy Geoscience,2021,2(2):90-98.

[21] ZENG T F,HELBLE J J,BOOL L E,et al. Iron transformations during combustion of Pittsburgh no. 8 coal[J]. Fuel,2009,88(3):566-572.

[22] KOLKER A,SCOTT C,HOWER J C,et al. Distribution of rare earth elements in coal combustion fly ash, determined by SHRIMP-RG ion microprobe[J]. International Journal of Coal Geology,2017,184:1-10.

[23] 王东升,张金川,李振,等. 草莓状黄铁矿的形成机制探讨及其对古氧化-还原环境的反演[J]. 中国地质,2022,49(1):36-50.

[24] WEI H Y, WEI X M, QIU Z, et al. Redox conditions across the G-L boundary in South China: evidence from pyrite morphology and sulfur isotopic compositions[J]. Chemical Geology,2016,440:1-14.

[25] ZOU C N, QIU Z, WEI H Y, et al. Euxinia caused the Late Ordovician

extinction：evidence from pyrite morphology and pyritic sulfur isotopic composition in the Yangtze area，South China［J］. Palaeogeography，Palaeoclimatology，Palaeoecology，2018，511：1-11.

［26］周杰，邱振，王红岩，等. 草莓状黄铁矿形成机制及其研究意义［J］. 地质科学，2017，52（1）：242-253.

4　粉煤灰形成过程中稀土赋存成因

4.1　研究目的及策略

　　粉煤灰中稀土元素的赋存状态是本文的重点内容,如果在理论上阐释稀土元素的赋存状态机制,就必须掌握了解在粉煤灰形成过程中稀土元素的转化规律。在知晓煤中稀土赋存状态的基础上,结合粉煤灰中稀土赋存状态,建立由煤到灰过程中稀土元素赋存状态的变化规律,丰富完善粉煤灰中稀土元素赋存理论体系。本章将选取能够代表煤中稀土元素载体的组分,通过 ICP-MS,SEM,TG-DSC 等手段对高温处理前后样品进行物理化学性质表征,并与第 3 章中稀土元素的赋存状态做对比,阐释稀土赋存在粉煤灰形成过程中的转化规律。

4.2　稀土元素载体模型矿物选择与性质

　　第 1 章从地质成因的角度介绍了煤中稀土元素的赋存状态,从赋存载体的角度可以将稀土存在形式划分为磷酸盐类稀土资源、碳酸盐(含氟)类稀土资源、铝硅酸盐类稀土资源和有机质中稀土资源。基于此,分别选择了独居石、氟碳铈矿、离子型稀土矿和褐煤作为稀土元素载体模型矿物,其中,独居石来自美国新墨西哥州里奥阿里巴(Rio Arriba)县 Petaca 区[1],氟碳铈矿来自山东省微山湖地区,风化壳淋积型(离子型)稀土矿来源于江西省赣州某稀土矿山,褐煤来自内蒙古伊敏煤田。所有样品均破碎,直到透过 100 目(0.15 mm)的标准筛,留存一部分作为备样。对褐煤煤样进行了基本性质分析,结果如表 4-1 所示。褐煤含水量为 15.45%,挥发分为 40.65%,灰分含量为 5.36%,其碳、氢、氧、氮的含量分别 69.42%、5.94%、5.02%、0.94%,属于低灰褐煤。褐煤中稀土元素含量为 46 μg/g,低于世界煤中稀土元素均值[2](68.5 μg/g),也低于中国煤中均值(136 μg/g)[3]。

表 4-1 褐煤煤样基本性质分析

项目	$M_{ad}/\%$	$V_{ad}/\%$	$FC_{ad}/\%$	$A_{ad}/\%$	$C_{daf}/\%$	$H_{daf}/\%$	$O_{daf}/\%$	$N_{daf}/\%$	REY
值	15.45	40.65	38.54	5.36	69.42	5.94	5.02	0.94	46 μg/g

为了更好地了解稀土矿的性质,采用 XRD 分析分别对经过低温灰化后的独居石、氟碳铈矿、离子型稀土矿和褐煤进行了化学多元素分析,并利用ICP-MS对各个元素进行了校正,测试结果列于表4-2中。结果表明:独居石中主要成分为磷、铈、钍、钕和镧,并包含有其余多种稀土元素,REO 的含量为 57.81%,由于钍的存在,其样品具有放射性,这可能是煤灰中放射性的重要来源之一,除此之外,其他元素含量普遍较低,杂质含量较少;在氟碳铈矿中发现大量氧化钙的存在,由此推测可能是氟钙铈矿占比较高,并且伴有其他稀土元素(镧、钇、镨、钕和钐),氟碳铈矿中所含有的碳元素,在灰化过程中已经除去,反映为 9.53% 的烧失量;离子型稀土矿中,铝硅含量占比超过 85%,表明其以黏土矿物为主。

表 4-2 独居石、氟碳铈矿和离子型稀土矿的化学组成

成分	独居石 /%	氟碳铈矿 /%	离子型稀土矿 /%	成分	独居石 /(μg/g)	氟碳铈矿 /(μg/g)	离子型稀土矿 /(μg/g)
SiO_2	0.70	2.94	61.61	Y_2O_3	0.53	0.08	
Al_2O_3	0.01	0.53	23.59	La_2O_3	9.02	18.64	0.26
Fe_2O_3		0.81	2.44	Ce_2O_3	21.64	29.58	0.32
MnO		0.35	0.13	Pr_2O_3	2.45	1.76	
CaO	1.56	15.44	0.31	Nd_2O_3	9.56	5.80	0.09
MgO		0.29	0.17	Sm_2O_3	6.87	0.35	
TiO_2		0.04	0.36	Eu_2O_3	0.20		
K_2O		0.10	3.30	Gd_2O_3	4.57		
Na_2O		0.98	0.15	Tb_2O_3	0.52		
P_2O_5	28.58	1.09	0.05	Dy_2O_3	1.56		
F	0.36	3.48		Ho_2O_3	0.63		
SrO		5.36	0.11	Er_2O_3	0.17		
S	0.33	0.30		Tm_2O_3	0.09		
ThO_2	9.57	0.46	0.01	Yb_2O_3			
PbO	0.56	0.92	0.02	Lu_2O_3			
LOI	0.04	9.53	3.43	REY	57.81	56.21	0.67

三种模型矿物的 XRD 分析图谱如图 4-1 所示。由 XRD 图谱可以看出,独

居石和氟碳铈矿较为纯净,独居石中含有大量放射性元素钍,又被称为富钍独居石;氟碳铈矿中钙的含量较高,属于氟碳铈矿和氟钙铈矿混合体;离子型稀土矿中矿物组成较多,包括石英、长石、埃洛石和高岭石,符合一般风化壳淋积型稀土矿的矿物组成。

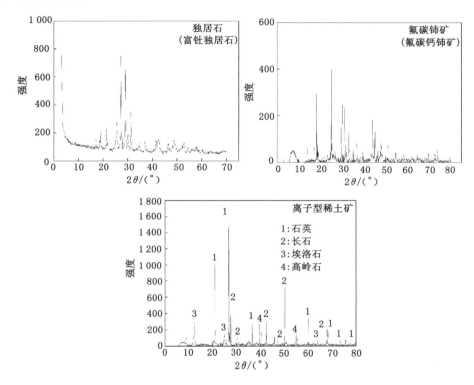

图 4-1　独居石、氟碳铈矿、离子型稀土矿物 XRD 图谱

4.3　模型矿物热重分析

热重分析法(TGA)能够准确地确定物质质量变化及变化速率,表征加热过程中质量的变化。通过与示差扫描量热结合,测定物质在热反应发生时的特征温度及吸放热(正值吸热),对所发生的反应进行判断。在煤炭燃烧过程中,稀土元素载体因受热而发生相应的赋存转化。本节通过热重分析技术研究四种模型矿物在受热过程中的失重行为,寻找特征温度,为后续研究矿物相的转变提供理论指导。

4 种模型矿物分别选用 10 mg 样品进行 TGA-DSC 分析,曲线如图 4-2 所示。由图可知,在加热过程中,独居石的质量大小没有发生明显变化,只有在接近 900 ℃时,有一个减少约 0.4％的谷值,可能是矿石破裂,内部的水分减少,造成略微的降低,同样地,热量也无明显变化,可以初步判断在加热前后独居石不曾发生改变;氟钙铈矿在约 350~580 ℃质量发生明显下降,大约损失了 5％,这是由于氟碳铈矿的分解,释放出二氧化碳,造成质量的减少,此时坩埚内能量也在持续上升,说明了该过程中持续吸热,开始时是氟碳铈矿分解吸热,后续可能是低价铈原子进一步氧化成为高价铈吸收的热量;离子型稀土矿在 400~600 ℃时热量存在明显波动,尤其是在 550 ℃时存在一处明显的吸热峰,据推测可能是由于埃洛石脱水和高岭石脱氢的作用,而在 990 ℃处有一明显的放热峰,这应该是早期莫来石产生的结果;褐煤在 450 ℃时有一明显的放热峰,表明此温度下煤炭有明显燃烧,在 600 ℃之后,质量大小不发生变化,说明燃烧反应完成。

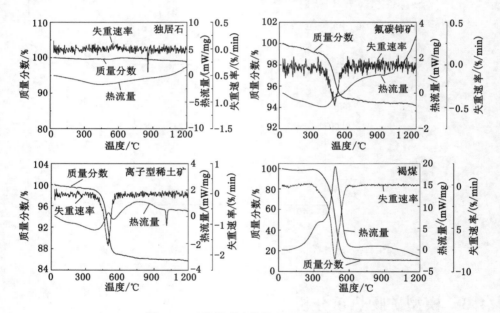

图 4-2　四种模型矿物的 TGA-DSC 曲线

4.4　模型矿物的模拟燃烧试验

4.4.1　模拟燃烧试验平台搭建与设计

整个模拟燃烧平台又被称为滴管炉燃烧平台,由给料器、反应炉、气体系统、冷却水系统和尾气处理系统组成[4],原理如图 4-3 所示。其给料器能够实现粒度小于 0.15 mm 的固体颗粒按 0.01～1 g/min 的速度给料,反应炉的主反应区长度为 2 m,其温度控制范围为 0～1 700 ℃,充分保证了样品颗粒在下落的过程中能实现充分燃烧。配气系统有空气、氧气和氮气三种气体,分别提供给不同的燃烧环境。循环水系统主要存在于反应炉上下两端,避免热流向外发散,损坏与之相连部件。尾气处理系统是为了避免燃烧产生的不确定气体,对实验人员与环境造成危害。

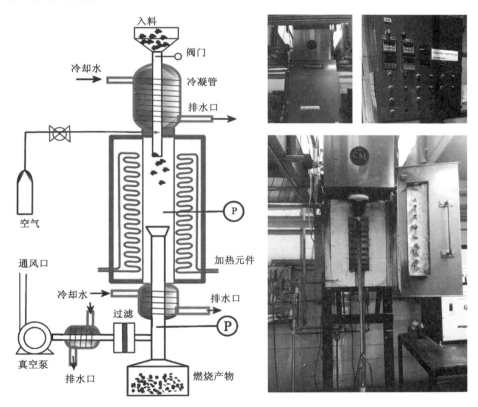

图 4-3　模拟燃烧试验平台原理图与实物图

滴管炉的基本工作原理为[5-6]:样品颗粒在载气夹带作用下,流经电加热的反应炉管,在炉内发生一系列的化学反应。滴管炉能够用于模拟工业锅炉中煤及矸石等的实际反应状况,具有良好的动态性能、排除颗粒间作用、抑制二次反应和排除人为加样干扰的优点。因此采用滴管炉作为稀土元素载体模型矿物燃烧试验的设备,能够充分模拟在工业条件下样品在燃烧反应中稀土载体颗粒发生的反应变化,揭示粉煤灰中稀土元素赋存成因。

搭建好试验平台后,对稀土元素模型矿物进行模拟燃烧试验,具体操作如下:首先,在试验前,检查设备仪表灯是否正常,是否进行了必要维护,确保试验的顺利进行。其次,将模型矿物样品放入给料器中,设定给料速度,其中以煤基样品为标准,参考四种模型矿物经比重法测定的真密度:褐煤($1.39\ \text{g/cm}^3$)、独居石($5.2\ \text{g/cm}^3$)、氟碳铈矿($4.83\ \text{g/cm}^3$)、离子型稀土矿($2.64\ \text{g/cm}^3$),设定的给料速度为:褐煤($0.2\ \text{g/min}$)、独居石($0.75\ \text{g/min}$)、氟碳铈矿($0.69\ \text{g/min}$)、离子型稀土矿($0.38\ \text{g/min}$)。然后开启冷却水系统、气体系统以及尾气处理系统,保证试验在安全、无害的环境下进行。而后将反应炉加热到设定温度,鉴于循环流化床炉膛温度($780\sim930\ ℃$)与煤粉炉炉膛中心温度($1\ 100\sim1\ 400\ ℃$),因此目标温度分别为 $800\ ℃$ 和 $1\ 200\ ℃$。缓慢升温至目标温度后,样品开始进入反应炉中,进行模拟燃烧反应,待收集足够试验样品后,关掉给料器和反应炉,冷却降温,而后依次关闭冷却水系统、气体系统和尾气处理系统。

将原样与模拟燃烧后的产物分别进行扫描电子显微镜分析,观察比较模拟燃烧前后颗粒形态与矿物学特征;通过激光粒度仪,判断模拟燃烧前后粒度的变化;利用逐级化学提取流程处理原样和模拟燃烧产物,比较不同赋存状态下稀土元素的含量。根据不同模型矿物的特性,选择相适应的研究方法,推导建立粉煤灰形成过程中稀土元素赋存转化规律,揭示其赋存成因,为后续煤型稀土元素的开发提供思路。

4.4.2　独居石在模拟燃烧中的转化规律

文献[7-8]表明,独居石的主要成分是 $REPO_4$。$REPO_4$ 化合物在 $1\ 000\ ℃$ 以下是十分稳定的,其中 $LaPO_4$ 是热稳定最高的稀土磷酸盐,其熔点温度为 $2\ 072\ ℃\pm20\ ℃$,因此,在 $900\ ℃$ 条件下,除个别杂质矿物外,独居石不存在分解反应。在 4.2 节中独居石的热重综合分析也表明了独居石在 $1\ 200\ ℃$ 条件下,重量几乎不发生变化,也无明显的吸热峰和放热峰。另有文献表明[9],将热重温度上限提高到 $1\ 400\ ℃$,也并未发现独居石有明显的重量和热量变化。因此,可以初步推断,在电厂锅炉现行的温度条件下,独居石的化学性质将不会发生改变,物理性质可能发生了变化,所以本研究中目标温度仅保留 $1\ 200\ ℃$ 即可。

经过 $1\ 200\ ℃$ 加热后的独居石的 XRD 分析如图 4-4 所示,发现其矿物组成基本没有变化,与上述推断一致。

其扫描电镜结果如图 4-5 所示,可以发现独居石颗粒呈现出椭粒状、不规则状或板状,受热前后的独居石,解离面和棱角均比较明显,说明了晶格结构完整,并未因受热而遭到破坏,不同之处主要表现在颗粒粒度的变化以及孔隙大小的改变,孔隙从无到有,由孔发育成缝。主要原因是在加热过程中,矿物颗粒内部

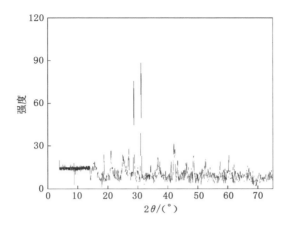

图 4-4　独居石 1 200 ℃燃烧产物 XRD 图

（a）为原样；（b）为 1 200 ℃燃烧产物。

图 4-5　独居石 SEM 图片

的气体受热膨胀,形成孔隙,孔隙进一步扩大,形成裂缝,随着受热的进行,大颗粒稀土矿分裂成小颗粒,造成了颗粒粒径的减小。

激光粒度仪的测试结果也支持这一结论,如图 4-6 所示。模拟燃烧前后,独居石粒度分布规律相近,均呈现"驼峰"状,根据累积 10%、50%和 90%点的直径 D_{10}、D_{50} 和 D_{90} 值的比较,独居石颗粒的粒级在加热后减小,特别是 D_{90} 从 123.8 μm 减小到 95.71 μm,相应的 D_{10} 和 D_{50} 值下降幅度较小,说明了大颗粒较细颗粒更容易受热破碎,可能与大颗粒内部含气体或水的小孔较多有关。

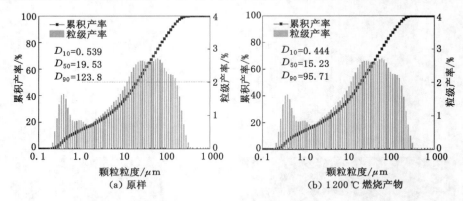

图 4-6   独居石粒度分布曲线

除独居石外,许多磷酸盐矿物中含有稀土元素,如磷钇石、磷灰石等,这些磷酸盐矿物受热变化与独居石不尽相同。磷钇石在受热过程中和独居石一样,其结构和化学性质并未发生变化,具有很高的热稳定性,不会释放稀土元素[8]。而其他含稀土磷酸盐矿物在特定温度条件下加热后,会提高稀土元素反应活性,促进稀土元素的溶解,有利于稀土元素的提取。

4.4.3   氟碳铈矿在模拟燃烧中的转化规律

文献[10]表明,氟碳铈矿主要化学成分为 $CeFCO_3$,因类质同象 Ce 被其他镧系元素所取代,加热后,氟碳铈矿发生分解,具体的化学反应为式(4-1)~式(4-4)。本样品中钙含量较高,为氟碳钙铈矿,还可能存在式(4-5)和式(4-6)的反应。另外,通入空气与氟碳铈矿中结晶水存在的情况下,还会发生氟碳铈矿与稀土氟氧化物的脱氟反应,如式(4-7)和式(4-8)所示,以氟化氢的形式逸出,造成环境污染。在本试验中,通入的气体为空气,含有一定的水分,造成了模拟燃烧产物中氟与稀土原子比例的改变。

$$Ce_2(CO_3)_3 =\!=\!= Ce_2O_3 + 3CO_2(g) \tag{4-1}$$

$$CeFCO_3 =\!=\!= CeOF + CO_2(g) \tag{4-2}$$

$$3CeOF + \frac{1}{2}O_2 =\!=\!= 2CeO_2 \cdot CeF_3 \tag{4-3}$$

$$Ce_2O_3 + \frac{1}{2}O_2 \Longrightarrow 2CeO_2 \tag{4-4}$$

$$CaCe_2(CO_3)_3F_2 \Longrightarrow CaF_2 + Ce_2O_3 + 3CO_2(g) \tag{4-5}$$

$$CaCO_3 \Longrightarrow CaO + CO_2(g) \tag{4-6}$$

$$CeFCO_3 + H_2O \Longrightarrow Ce_2O_3 + 2HF(g) + 3CO_2(g) \tag{4-7}$$

$$2CeOF + H_2O \Longrightarrow Ce_2O_3 + 2HF(g) \tag{4-8}$$

因此通过 XRD 分析和扫描电镜结合能谱分析的方法,研究受热前后氟碳铈矿形貌的改变和判断氟碳铈矿的分解情况。另外,根据化学式的推断,氟碳铈矿可能是煤中稀土元素的碳酸盐结合态,所以采用 3.1 节中的逐级化学提取方法,比较受热前后稀土元素的溶出比例,以此推断氟碳铈矿中稀土元素在模拟燃烧中的转化规律。

氟碳铈矿原样与模拟燃烧产物(800 ℃和 1 200 ℃)的扫描电镜与能谱分析结果如图 4-7 所示。图 4-7(a)表明原样中颗粒为柱状、板状、粒状及不规则状,具有较好的解离面,主要的矿物形态是氟碳铈矿和氟碳钙铈矿。图 4-7(b)为 800 ℃模拟燃烧产物,主要组成为氟化钙、生石灰和稀土(氟)氧化物,不仅证实了受热过程中发生上述反应,同时也表明上述反应的反应温度均可以发生在 800 ℃以下,并且稀土氧化物、氧化钙及氟化钙均可以稳定地存在于 1 200 ℃中,因此图 4-7 (c)与(b)相似。图 4-7(b)(c)中颗粒粒径明显小于图(a),这可能

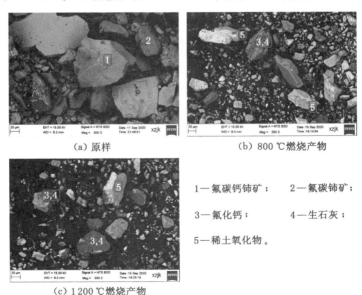

(a) 原样　　　　　　　　　　　　(b) 800 ℃燃烧产物

(c) 1 200 ℃燃烧产物

1—氟碳钙铈矿;　　　2—氟碳铈矿;

3—氟化钙;　　　　　4—生石灰;

5—稀土氧化物。

图 4-7　氟碳铈矿 SEM 图

是在受热过程中,氟碳铈矿中原有的裂隙膨胀、所含水分蒸发造成了矿物颗粒的解离,再因为分解反应的发生,进一步造成颗粒体积的减小,呈无规则状。

由此对1 200 ℃加热后的氟碳铈矿样品进行 XRD 分析,结果如图4-8所示。焙烧产物主要为二氧化铈、二氟化钙和三氟化铈,这说明了在1 200 ℃的条件下,氟碳铈矿已经完全分解,获得了三氟化铈和二氧化铈,二氧化铈是在氧气充分的条件下氧化而成,若实际工业生产中氧气不足,可能还有三氧化二铈的存在,如式(4-5)所示。二氟化钙的存在也进一步证实了原矿多以氟碳钙铈矿的形式存在。

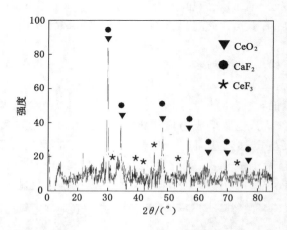

图 4-8   氟碳铈矿1 200 ℃燃烧产物 XRD 图

另外一个值得关注的是,在元素分析中发现该样品中伴生有锶金属,模拟燃烧产物主要为氧化锶,可以推测在原样中的伴生矿为菱锶矿。有研究[11]表明,氟碳铈矿与含锶矿物相互交生、相互包裹的现象在稀土矿床中较为常见,这可能是煤灰中锶的来源之一。

氟碳铈矿属于氟碳酸盐矿物,可以再细分为稀土碳酸盐和稀土氟化物,稀土氟化物在盐酸等强酸中溶解率较低[12]。理论上,在碳酸盐中的稀土元素能够溶于酸溶液中,对应逐级化学提取中的酸可溶态。但实际提取过程中,因反应程度等因素,进入酸可溶态的稀土离子少于理论值。如图4-9所示,酸可溶态仅占7.65%,在第四步硝酸的作用下溶解;约有3.78%的稀土成为"操作上"的有机/硫酸盐结合态;另有0.41%及1.92%的稀土元素分别进入离子交换态和金属氧化物结合态;绝大部分的稀土元素仍然留在固体样品中。而经过1 200 ℃加热后,氟碳铈矿的逐级化学提取结果有了较大的变化:在固体相中的稀土元素含量占比大幅度下降,仅有约45%;酸可溶态中的稀土元素含量提高至约40%,其余赋存状态的稀土占比也分别得到了提高。产生这个变化的主要原因包括：① 氟碳铈矿经过煅烧，稀土碳酸盐和氟化物均得到了转化，生成了稀土氧化物，更容易在酸性条件下溶解；② 煅烧之后的裂隙发育，增加了颗粒的比表面积，反应速度和时间更快，增加了前期"操作上"赋存状态中稀土元素的含量。同样的情况也出现在其他煅烧后氟碳铈矿（包头选铁尾矿）中[13]。

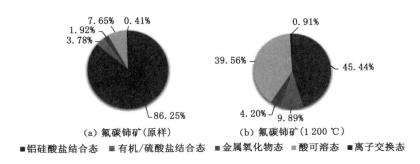

(a) 氟碳铈矿（原样）　　　　　(b) 氟碳铈矿（1 200 ℃）
■铝硅酸盐结合态　■有机/硫酸盐结合态　■金属氧化物态　■酸可溶态　■离子交换态

图 4-9　氟碳铈矿原样和 1 200 ℃燃烧产物逐级化学提取结果

4.4.4　离子型稀土矿在模拟燃烧中的转化规律

离子型稀土矿中稀土元素以离子吸附形式存在（如本样品中的高岭土等），通过上文中热重综合分析，发现离子型稀土矿可能发生反应的温度分布大约是 500 ℃和 1 050 ℃的温度，之前设定的模拟燃烧温度 800 ℃和 1 200 ℃恰好能够观察到两次反应之后的产物。另外，离子型稀土矿稀土元素在模拟燃烧中的转化规律离不开高岭土等矿物的转化与稀土的释放。因此，首先通过 XRD 分析判断其矿物相态的改变，而后利用扫描电镜与能谱分析确定离子型稀土矿受热前后的形貌，利用逐级化学提取流程判断稀土赋存状态的变化趋势，进而展示离子型稀土矿在模拟燃烧中的转化规律。

离子型稀土矿受热后的 XRD 分析如图 4-10 所示，在加热温度为 800 ℃时，可以发现石英和长石仍存在其中，这与长石和石英熔点温度高于 800 ℃的事实相符，长石熔点一般在 1 100 ℃左右，石英熔点超过 1 700 ℃。有研究表明高岭石在 600 ℃左右发生脱氢反应，生成偏高岭土，但是本样品中高岭土和脱氢高岭土共同存在，可能是由于反应时间的限制。而 1 200 ℃加热样品的 XRD 图谱中，衍射峰明显减少，仅有石英衍射峰保留明显，产生了莫来石衍射峰，证明了莫来石的产生。

离子型稀土矿原样和加热后的产物（800 ℃和 1 200 ℃）颗粒的表面形态如图 4-11 所示。在(a)图中离子型稀土矿颗粒多为块状、板状、层状、土状等。而

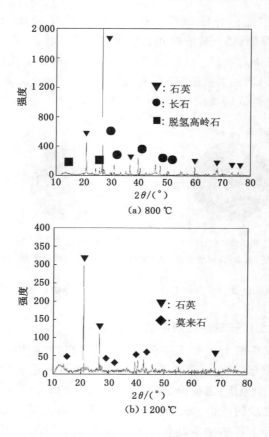

(a) 800 ℃

(b) 1 200 ℃

图 4-10　离子型稀土矿燃烧产物 XRD 图

在(b)图中,高岭石颗粒表面呈现凹凸不平状,较少能看到板状、层状固体颗粒,并且能够发现更多的微细颗粒,说明了在 800 ℃时,包括高岭石在内的黏土矿物大多受热膨胀后裂开,产生更多的微细颗粒,同时高岭石从层状结构转变成分子排列不规则的偏高岭石。(c)图为离子型稀土矿加热到 1 200 ℃的颗粒形貌,发现其和前两者的形貌相比发生了巨大的变化,形成了玻璃相小球,而且也有不定形的莫来石存在。有研究表明[14-15],在 1 100 ℃时出现了短针状莫来石(小于 5 μm),而在有稀土掺杂的情况下,在 900 ℃时就会产生莫来石晶须,并且具有高度的各向异性生长特性,这是由于在稀土(CeO_2)-Al_2O_3-SiO_2 体系中形成了一个无障碍面和一个低黏度的液态玻璃相。由于没有补充 $Al(OH)_3$ 等保障 Al/Si处在适合莫来石生长的条件,这就造成了莫来石的分布不均匀,与莫来石纯物相的形态具有很大的差异。莫来石和玻璃相小球都是经过液态后冷凝固化的产

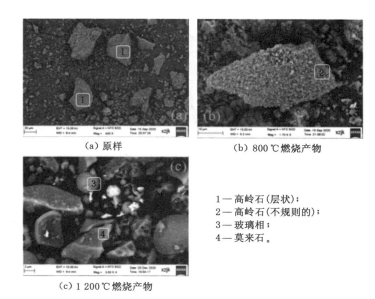

(a) 原样   (b) 800 ℃ 燃烧产物

1—高岭石(层状);
2—高岭石(不规则的);
3—玻璃相;
4—莫来石。

(c) 1 200 ℃ 燃烧产物

图 4-11   离子型稀土矿 SEM 图

物,势必会造成分散在液相中的稀土元素冷凝后被包裹其中,不利于其浸出提取。

图 4-12 是离子型稀土矿的原矿和模拟燃烧产物(800 ℃和 1 200 ℃)逐级化学提取的结果。原样中有约 18％的稀土元素经过提取后,仍然保留在固体残渣中,其余 82％可以进入到溶液中,其中有约 37％的稀土元素属于离子交换态、约 30％的稀土元素属于酸可溶态。而经过 800 ℃加热后,保留在固体残渣中稀土元素仅占比 10％,说明了煅烧活化对离子型稀土矿的浸出有所帮助;另外,离子交换态的占比得到了大幅度提高,达到了 48％,其余三种形态的稀土元素占比略有下降。由此推断,该化学提取流程与离子型稀土矿并非十分契合,对于前四种可溶解的赋存状态的划分方法,值得进一步探讨。1 200 ℃加热后结果与前两个大不相同,存在于固体态中的稀土元素占比达 73.64％,可溶解的稀土元素仅有约 26％,说明高温产生熔融的液相把稀土相包裹了起来,在浸出过程中,如果没有合适的方法打破玻璃相的束缚,很难实现其稀土元素的提取,这也是粉煤灰中稀土元素提取的关键问题。

富稀土的煤矸石样品与离子型稀土矿样品基体具有极大的关系,都是以黏土矿物为主,因此二者在模拟燃烧过程中的转化规律具有很大的相似性,其研究对低热值煤(矸石)发热利用后提取稀土元素有重要参考价值。

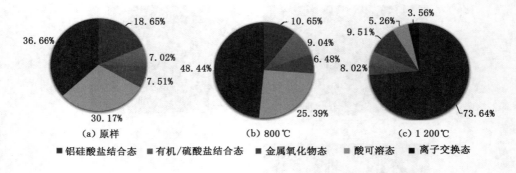

图 4-12　离子型稀土矿原样、800 ℃和 1 200 ℃燃烧产物逐级化学提取结果

4.4.5　煤中稀土元素在模拟燃烧中的转化规律

由于煤有机质结构的复杂性，关于稀土元素在煤有机质中的研究报道少于在煤伴生矿物中的报道，实际上有机质对稀土元素在模拟燃烧中的转化起着至关重要的作用[16]。有文献表明[17]，煤层中稀土元素的存在一般认为有两个原因：一个是少量矿物参与了成煤，混入煤有机质中；另一个是煤中的有机物从夹矸淋滤液中吸附稀土元素。这说明了煤层中稀土元素存在来源主要为物理混入和化学吸附，所以可以通过吸附稀土的方式，增加褐煤中稀土元素的含量，以便进行稀土元素的检测。具体操作为：将 1 g 褐煤放入 20 mL 浓度为 0.1% 的 $CeCl_3$ 溶液中，使用 NaOH 调整 pH 值为 7 并搅拌，2 天后，经过滤后 70 ℃烘干获得改性褐煤，重复多组备用。而后将褐煤和改性褐煤进行模拟燃烧试验，由 4.3 节可知在 600 ℃时褐煤燃烧已经完全，所以设定温度为 800 ℃满足试验要求。褐煤模拟燃烧产物进行消解测定的稀土元素含量约为 350 $\mu g/g$，富集比约 1∶7.6，这可能与褐煤中灰分与固定碳的含量比例（5.36%∶38.54%）有密切联系。对改性褐煤模拟燃烧后的产物进行了 XRD 分析，结果如图 4-13 所示。由图可以看出经过模拟燃烧后，产物中主要物相为二氧化硅和铈的氧化物，二氧化硅主要来源于褐煤自身的矿物相，铈的氧化物的存在说明了模拟燃烧过程中褐煤吸附的铈发生了氧化反应，但是由于煤燃烧造成了氧的消耗，使得铈不能够充分氧化生成二氧化铈。被褐煤吸附的铈在模拟燃烧过程中发生氧化反应，能够说明煤有机质中稀土元素在燃烧过程中会转化为稀土氧化物，该组分能够在酸性条件下浸出。

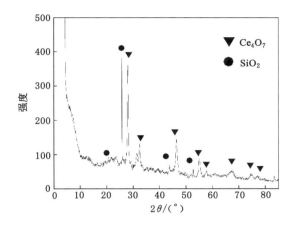

图 4-13　改性褐煤 1 200 ℃燃烧产物 XRD 图

4.5　本章小结

本章主要选取了煤中稀土元素的模型矿物,通过滴管炉搭建燃烧平台,模拟煤炭燃烧过程,考察了稀土元素在粉煤灰形成过程中稀土元素赋存转化规律,得到以下主要结论:

(1) 根据自然界及煤中稀土元素存在方式,筛选的模型矿物包括:独居石(磷酸盐类稀土资源)、氟碳铈矿(碳酸盐类稀土资源)、离子型稀土矿(铝硅酸盐类稀土资源)和改性褐煤(有机质中稀土资源)。其中,独居石伴生有放射性元素钍,为富钍独居石;氟碳铈矿中含有较多的钙,为氟碳钙铈矿;离子型稀土矿中主要组成为石英、长石和埃洛石(高岭石);改性褐煤,是低灰褐煤吸附氯化铈后制得。

(2) 独居石具有良好的热稳定性,在 1 200 ℃加热条件下,其矿物结构和化学性质并未发生改变,仅是矿物颗粒内部的气体膨胀,裂隙发育,进而使颗粒变小,比表面积增大。这表明以独居石为代表的磷酸盐稀土资源,在煤炭燃烧过程后,极有可能仍以磷酸盐的形式存在。

(3) 氟碳铈矿在模拟燃烧过程中转化为铈的氧化物和氟化物,本样品中含钙量较高,还有氧化钙和氟化钙的存在,由于在空气氛围下燃烧,混入的少量水汽使部分氟以 HF 气体形式逸出。产物颗粒体积减小,呈无规则状。经过燃烧后,酸可浸出态所占比例大幅度增加,而残渣态比例大幅度减小,说明经过燃烧后,将十分有利于稀土的浸出。

（4）离子型稀土矿包含多种矿物，导致在 800 ℃和 1 200 ℃温度下，燃烧产物性质不同。800 ℃燃烧产物中，石英和长石均存在其中，埃洛石和高岭石发生了脱氢反应，颗粒形态主要为碎屑矿物，呈无规则状，能够浸出的稀土元素含量得到了提高；而 1 200 ℃燃烧产物中，虽石英仍存在其中，但长石和高岭石等铝硅酸盐矿物主要被莫来石所代替，颗粒出现了熔融态后冷却的球状和片状，能够浸出的稀土元素含量大幅度降低。

（5）通过离子吸附等方式实现褐煤改性，实现铈元素的负载，经过燃烧后，发现离子态的铈变成了铈的氧化物，证明了煤有机质中稀土元素在燃烧过程中氧化的事实。

参考文献

[1] SPILDE M N,DUBYK S,SALEM B,et al. Rare earth bearing-minerals of the Petaca District,Rio Arriba County,New Mexico[M]//New Mexico Geological Society Guidebook. Ojo Caliente：New Mexico Geological Society,2011：389-398.

[2] KETRIS M P,YUDOVICH Y E. Estimations of Clarkes for Carbonaceous biolithes：world averages for trace element contents in black shales and coals[J]. International Journal of Coal Geology,2009,78(2)：135-148.

[3] DAI S F,REN D Y,CHOU C L,et al. Geochemistry of trace elements in Chinese coals：a review of abundances,genetic types,impacts on human health,and industrial utilization[J]. International Journal of Coal Geology,2012,94：3-21.

[4] DHANESWAR S R,PISUPATI S V. Oxy-fuel combustion：the effect of coal rank and the role of char-CO_2 reaction [J]. Fuel Processing Technology,2012,102：156-165.

[5] 邹维祥. 富氧燃烧方式下煤粉燃烧特性研究[D]. 武汉：华中科技大学,2007.

[6] 马正中,姜凡,徐祥,等. 滴管炉的特性及研究进展[C]. 中国工程热物理学会燃烧学学术会议,西安,2008.

[7] 吴文远,孙树臣,郁青春. 氟碳铈与独居石混合型稀土精矿热分解机理研究[J]. 稀有金属,2002,26(1)：76-79.

[8] HIKICHI Y,NOMURA T. Melting temperatures of monazite and xenotime[J]. Journal of the American Ceramic Society,1987,70(10)：252-253.

[9] HOOD M M,TAGGART R K,SMITH R C,et al. Rare earth element distribution in fly ash derived from the fire clay coal,Kentucky[J]. Coal Combustion and Gasification Products,2017,9(1):22-33.

[10] 付静,涂赣峰,吴文远,等.混合碳酸稀土热分解过程的研究[J].黄金学报, 2000(4):266-271.

[11] 黄小卫,冯兴亮,龙志奇,等.一种稀土与锶共伴生多金属矿综合回收工艺: CN102399999A[P].2012-04-04.

[12] BIAN X,YIN S H,LUO Y,et al. Leaching kinetics of bastnaesite concentrate in HCl solution[J]. Transactions of Nonferrous Metals Society of China,2011,21(10):2306-2310.

[13] 张晓伟.包头混合稀土精矿中氟碳铈矿浸出及其氟铝资源转化研究[D].北京:北京化工大学,2014.

[14] QIU X W,LIU C Y,MAO G Z,et al. Major,trace and platinum-group element geochemistry of the Upper Triassic nonmarine hot shales in the Ordos Basin,Central China[J]. Applied Geochemistry,2015,53:42-52.

[15] 张玲,黄靖茵,肖卓豪,等.莫来石晶须生长机理及研究进展[J].陶瓷学报, 2020,41(6):880-893.

[16] LIU P,YANG L F,WANG Q,et al. Speciation transformation of rare earth elements (REEs) during heating and implications for REE behaviors during coal combustion[J]. International Journal of Coal Geology,2020,219:103371.

[17] 刘大锐,高桂梅,池君洲,等.准格尔煤田黑岱沟露天矿煤中稀土及微量元素的分配规律[J].地质学报,2018,92(11):2368-2375.

5　粉煤灰中稀土元素的物理化学富集
及可浸出性评估

5.1　研究目的及策略

在对粉煤灰性质及稀土元素赋存状态与成因有了深入了解的基础上,稀土元素的提取成为研究重点。粉煤灰中稀土元素的回收利用,离不开化学浸出的过程,但是由于粉煤灰中稀土元素含量较低,直接采用酸法浸出势必会造成大量酸的消耗。并且前文研究了粉煤灰中的组成以及稀土元素在粉煤灰中的分配规律,发现粉煤灰有组成复杂、杂质成分多、稀土元素被玻璃相包裹等问题,不利于酸法的提取。有关研究表明,粒度分级是提升电厂粉煤灰品质,获得合格细度产品的重要手段[1-3];磁选方法可以大批量处理粉煤灰,避免铁杂质影响后续的稀土提取;浮选可以实现粉煤灰中未燃炭的分离,前文赋存状态研究中表明了有机态稀土元素的存在,因此浮选对稀土元素的富集值得考察。除以上方法外,碱溶脱硅也被认为是提高粉煤灰中金属(铝)含量的有效方法,同时,将会有利于后续金属元素的浸出[4-5]。稀土元素在富集后产物中的浸出效果直接决定着其能否成功回收利用,由此应该对初始粉煤灰与经过富集后各个产品中稀土元素的可浸出性进行评估,以保证富集后稀土元素能够实现提取。

5.2　物理分选对粉煤灰中稀土元素的富集效果

5.2.1　粒度和磁性分级

粉煤灰中稀土元素主要赋存于小颗粒非磁性的 $2.4 \sim 2.8 \ \mathrm{g/cm^3}$ 密度级组分中,在粒度分级和磁性分级中,稀土元素的分配规律明确,具有一定的共性,对于分选具有较好的指导意义。但是不同粉煤灰中稀土在密度分配方面差异较大,主要取决于玻璃体对稀土元素的包裹情况。可以推测到,在稀土载体与其他组分充分解离的条件下,稀土元素应该富集在>2.8 g/cm³ 密度级中。但密度分选对粉煤灰中稀土元素的富集效果仍需进一步的验证,因此此处选用粒度分级和磁性分级的方法对粉煤灰中稀土元素进行预富集。具体操作是:综合考虑粒度分级和磁性分级各个组分中稀土元素的分配和含量,选取广安和发耳粉煤灰为研究对象,首先进行 37 μm 粒度分级,筛上物为产品 1,筛下产品添加酒精后,在 5 A 输入电流的条件下进行磁性分选,获得产品 2。分选流程如图 5-1 所示。分选产品的化学组成如表 5-1 和表 5-2 所示。

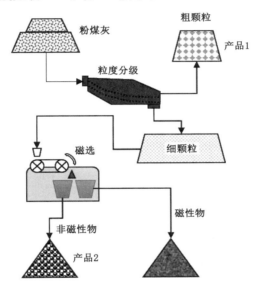

图 5-1　联合物理分选示意图

表 5-1　广安粉煤灰联合分选产品的化学组成

项目	SiO₂	Al₂O₃	Fe₂O₃	CaO	MgO	TiO₂	K₂O	Na₂O	S	P	其他
原样	43.66	25.61	12.89	6.69	0.81	1.78	2.08	0.78	0.93	0.27	3.91
产品 1	45.04	26.89	13.01	4.23	0.62	2.01	1.97	0.83	0.42	0.31	4.67
产品 2	52.76	32.31	0.89	3.29	1.21	0.29	2.78	2.34	0.23	0.98	2.92
项目	La	Ce	Pr	Nd	Sm	Y	Eu	Gd	Tb	Dy	Ho
原样	138.7	290.3	30.28	113.6	21.59	109.9	3.51	20.88	3.23	20.04	3.98
产品 1	159.7	319.6	34.02	130.5	24	119.9	3.9	22.89	3.51	22.95	4.5
产品 2	194.3	385.8	42.99	149.8	29.46	129	4.42	25.45	3.09	25.35	4.9

表 5-1(续)

项目	Er	Tm	Yb	Lu	C_{REY}	U_{REY}	E_{REY}	C_{outl}	C_{REY}/REY	REY
原样	12.02	1.66	10.88	1.56	262.3	211.41	308.4	0.85	0.34	782
产品 1	13.02	1.91	10.86	1.45	293.7	240.6	338.1	0.87	0.34	873
产品 2	14.28	2.25	12.25	1.81	326	292	407	0.80	0.32	1 025

注:常量元素单位为%,稀土元素单位为 $\mu g/g$,前景系数 C_{outl} 和紧要程度 C_{REY}/REY 无单位。

表 5-2 发耳粉煤灰联合分选产品的化学组成

项目	SiO_2	Al_2O_3	Fe_2O_3	CaO	MgO	TiO_2	K_2O	Na_2O	S	P	其他
原样	52.17	23.89	12.10	3.36	1.91	2.77	0.69	0.58	0.22	0.14	2.17
产品 1	53.37	27.25	10.01	1.76	1.02	1.49	0.87	0.83	0.06	0.16	3.13
产品 2	54.46	29.55	1.79	2.39	1.21	0.29	2.78	2.34	0.13	0.28	4.78

项目	La	Ce	Pr	Nd	Sm	Y	Eu	Gd	Tb	Dy	Ho
原样	80.7	193.2	22.47	88.66	17.22	65.17	3.33	15.5	2.20	13.6	2.58
产品 1	92.65	201.6	22.13	89.36	17.98	69.98	3.77	17.89	2.21	14.00	2.58
产品 2	100.3	219.8	25.65	95.34	20.46	70.47	4.02	19.45	2.50	14.86	2.60

项目	Er	Tm	Yb	Lu	C_{REY}	U_{REY}	E_{REY}	C_{outl}	C_{REY}/REY	REY
原样	7.17	1.01	6.57	0.94	180.1	135.9	204.3	0.88	0.34	520
产品 1	7.12	1.08	6.42	0.89	184.2	150.7	212.6	0.87	0.34	550
产品 2	7.28	1.25	6.60	0.98	192.5	165.9	231.2	0.83	0.33	592

注:常量元素单位为%,稀土元素单位为 $\mu g/g$,前景系数 C_{outl} 和紧要程度 C_{REY}/REY 无单位。

由表 5-1 可知,广安粉煤灰中 SiO_2、Al_2O_3 以及 Na_2O 的含量从原样到产品 1 再到产品 2 中一直在增加,说明 SiO_2、Al_2O_3 以及 Na_2O 在该粉煤灰中细颗粒非磁性组分中占比高。微细颗粒的生成不仅是来自更细模态颗粒的碰撞与长大效应,更主要来自原生矿物质颗粒的破碎、融合等机制[6-7]。部分超细颗粒物来自焦炭燃烧阶段煤焦表面 CO 将 Si、Al 等难溶元素的氧化物还原成亚氧化物(SiO、AlO 等),通过一系列的扩散过程,进一步氧化成核[8]。更重要的是煤中原有的铝硅酸盐矿物,在燃烧过程中因为裂隙发育、结晶水蒸发、晶格破裂,受热转化等,导致颗粒粒径不断缩小,形成微细颗粒[9-10]。该粉煤灰微细颗粒中 Na 含量较高,与之前文献中报道的准东煤燃烧产物微细颗粒中 Na 含量高非常相似,认为是因为 Na 元素"挥发-成核"机制[11]。另外,较高的 Si、Al 含量决定了相当一部分 Na 进入细颗粒中,颗粒中的 Si、Al 能够与游离的 Na 结合;同样地,挥发出的气态 Na 在冷却区内也容易与微细颗粒表面反应而被吸附,这也是高岭土等铝硅酸盐颗粒能够固结碱金属的原理[12-15]。从原样到产品 1 中,氧化钙和硫的含量下降,可能是因为固硫工艺中,添加的生石灰更容易黏附在较大的灰颗粒表面,进而吸附到烟气中的 SO_x 上,造成在大颗粒中钙和硫的富集[16]。产品 2 中铁和钛的含量较原样中大幅度下降,是由于铁和钛主要进入了磁选产品中;其余元素如镁等与粒度关系并不明确,因为铁含量降低,相应的占比得到了提高。经过联合分选后,磷和稀土元素含量增加,发现磷元素和稀土元素规律一致,均为逐渐提高的趋势,这与许多研究中磷与稀土具有极其亲和性的研究结论相符[17-18]。经过分选后,产品 2 的固体产率约为 20%,其中稀土元素含量从 782 $\mu g/g$ 提高到 1 025 $\mu g/g$,富集系数为 1.31,相应的粗颗粒组分和磁性组分已经分离,获得的产品 2 为后续化学浸出提供匀质稳定的原料,可以有效降低化学药品使用量。

由表 5-2 可见,虽然发耳粉煤灰常量元素的分布规律与广安粉煤灰相似,铝硅钠钾都在细颗粒中富集,但硫钙在大颗粒中富集,铁钛等黑色金属进入了磁性组分中。发耳粉煤灰中稀土元素的富集效果不佳,仅从 520 $\mu g/g$ 提高到 592 $\mu g/g$,富集系数为 1.14。

综上,粒度和磁性分级是粉煤灰综合开发利用的重要方法,有利于稀土元素的富集,但富集效果受限于粉煤灰样品本身的特性。

5.2.2 浮选

浮选在粉煤灰中的应用主要集中在对其中未燃炭的脱除,基于未燃炭和灰质颗粒之间表面性质的差异,通过克服未燃炭疏松多孔、浮选泡沫稳定性差、浮选体系中离子浓度高等困难,实现未燃炭和灰质颗粒的分离[3]。根据 3.1 节中对稀土元素赋存状态的研究,部分稀土元素在有机态分布,浮选对粉煤灰中未燃炭的分离,势必会造成稀土元素在浮选精矿和尾矿中差异性分布,这就为浮选对粉煤灰中稀土元素的富集可能性提供了理论基础。因此,以未燃炭含量最高的发耳粉煤灰为例,进行浮选脱炭富集稀土元素研究。

采用 1 L 的挂槽浮选机,取一定质量的样品,加入去离子水形成特定矿浆浓度,以 2 000 r/min 的速度搅拌 3 min,而后加入适量的十二烷基磺酸钠和煤油做捕收剂,调浆 2 min 后,加入起泡剂仲辛醇,1 min 后开启充气阀并开始刮泡,刮泡时间为 3 min,通气量为 300 mL/min,具体操作见《煤粉(泥)实验室单元浮选试验方法》(GB/T 4757—2013)。对浮选效果的考察主要通过浮选脱炭指数(decarburization index,DI)来考察,计算过程为:

$$DI = \frac{Y_c \times LOI_c}{LOI_r} \times 100\% \tag{5-1}$$

式中 Y_c——浮选精矿的产率;

　　　　LOI$_c$——浮选精矿中的烧失量；

　　　　LOI$_f$——粉煤灰原样中的烧失量。

　　捕收剂和起泡剂的用量是决定浮选效果的重要因素，与气泡的大小、稳定性及分散程度有直接的关系。因此，首先对药剂制度进行了探究，其中矿浆浓度设定为 160 g/L，结果如图 5-2 所示。由图 5-2(a)可见，随着捕收剂用量的增加，精矿产率先增加而后趋于平缓，相应地精矿烧失量先增加而后略有降低，最终二者导致了脱炭指数(DI)前期增长、后期略有下降的结果。究其原因，是在刚开始时捕收剂用量不足，导致精矿产率不高，之后捕收剂增加促进了精矿产率增加，当能浮产品进入精矿中，继续增加捕收剂已难以提高产率，但是却增加了灰质颗粒进入精矿的概率，导致了精矿中灰质颗粒较高，烧失量略有下降。图 5-2(b)则说明，在研究的范围内，起泡剂并不能提高精矿产率，维持在 4％左右；可明显地发现精矿的烧失量表现为先增加，后减少，这也导致了脱炭指数呈现先明显增加，之后呈现下降趋势。与捕收剂作用机制相似，在起泡剂用量较少时，上浮产物含量低，随着药剂用量增加，未燃炭上浮较多，到达一定程度后，未燃炭不再上浮，使得上浮较为困难的灰质颗粒上浮，导致烧失量下降[3]。因此，适当的药剂条件对脱炭效果尤为重要，本试验中1 200 g/t 和 140 g/t 分别为捕收剂和起泡剂的最佳用量。

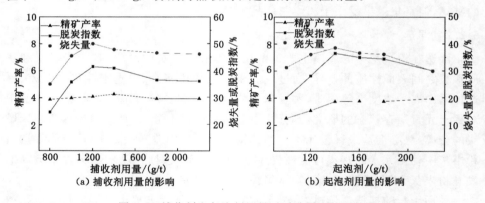

图 5-2　捕收剂和起泡剂用量对浮选脱炭的影响

　　在适合的药剂用量条件下，探究了最佳矿浆浓度，结果如图 5-3 所示。精矿产率与矿浆浓度成正相关：浓度越高，精矿产率和脱炭指数越高。而精矿中的烧失量，先增加后减小，在 130 g/L 时达到了最高点，约为 55％。脱炭指数的曲线与烧失量的相似，也呈现了先增加后降低的趋势，在 130 g/L 时，达到了最高点 61％左右。因此，取 130 g/L 作为最佳浮选矿浆浓度进行后续试验。

　　为了避免粉煤灰中大颗粒的存在对浮选效果造成干扰，对原始粉煤灰进行研磨试验，在料球比为 1∶10 时考察不同球磨转速和时间对粉煤灰粒度的影响，

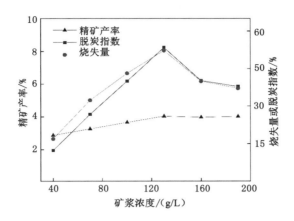

图 5-3　矿浆浓度对浮选脱炭的影响

转速考察 200 r/min、400 r/min、600 r/min，研磨时间考察 5 min、10 min、15 min、20 min、30 min、60 min、90 min，对研磨的粒度进行考察。不同研磨条件下粉煤灰粒度分布如图 5-4 所示，(a)图是研磨时间为 10 min，不同球磨转速时的粉煤灰粒度分布，发现球磨转速越高，研磨后粉煤灰颗粒粒度越小。不同矿物均有其较优的浮选粒度区间，一般认为粒度大于 100 μm 和低于 10 μm 时，均不利于浮选。本研究中选择 600 r/min 为后续研究的研磨转速。图 5-4(b)图表明了随着研磨时间的延长，粉煤灰颗粒越来越细，前 30 min 粒度减小程度极为明显，而到 30 min 后，粉煤灰颗粒大小几乎不发生变化，并且保证了粒度区间在 10~100 μm。

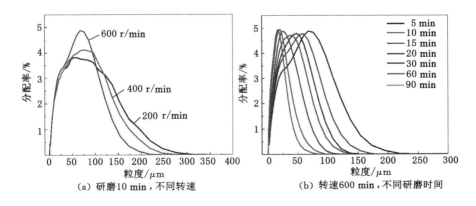

　　(a) 研磨10 min，不同转速　　　　　　(b) 转速600 min，不同研磨时间

图 5-4　不同研磨条件时粉煤灰粒度分布曲线图

而后对研磨后的样品进行浮选试验,图 5-5 为不同研磨时间对浮选脱炭的影响。由图可见,发现随着研磨时间的增加,浮选精矿的产率逐渐增加,说明粉煤灰颗粒越细,浮选起泡夹带的灰质颗粒越多;而精矿的烧失量在研磨时间 15 min 后开始减小,30 min 之后急剧减小,从顶峰的 55% 左右降低到 30% 左右;浮选脱炭效果的趋势与烧失量的趋势相近,呈现先增加后减少的倒 V 形,在研磨时间为 30 min 时,脱炭效果最佳,脱除率接近 100%。

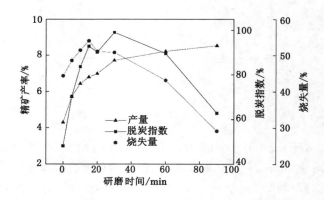

图 5-5　不同研磨时间对浮选脱炭的影响

上述研究明确了最佳的浮选条件和磨矿条件,下面分别考察最佳浮选条件下,粉煤灰原样和研磨 30 min 后,浮选精矿和尾矿中各种元素的分布,尤其是稀土元素的差异性分布,结果如表 5-3 所示。由表 5-3 可见,浮选精矿中除了烧失量有较大的占比外,主要成分是铝硅氧化物,这是因为完整的或破碎的空心微珠密度小,容易被起泡夹带上浮,而铁钛等金属元素及硫磷在浮选精矿中的含量较少,大部分保留在尾矿中。同样地发现稀土元素主要存在于浮选尾矿中,精矿中的稀土含量约为原样中的一半。而且通过对研磨前后浮选精矿中稀土含量的比较可以发现,研磨后不仅对未燃炭脱除效果较好,而且也有利于稀土元素在尾矿中的富集,推测其原因是研磨后的浮选可以更为有效地对未燃炭和玻璃相进行分离,只有少量的玻璃相被夹带进入精矿中,又因稀土主要与铝硅酸盐结合在一起,未燃炭中稀土元素含量不高,导致了精矿中稀土元素含量的降低。但是尾矿中稀土元素仅获得了有限的提高,并且稀土元素的含量极低,最终导致尾矿与原矿中稀土元素的差值尚在测试误差范围内。

表 5-3　发耳粉煤灰浮选产品的化学组成

项目	SiO₂	Al₂O₃	Fe₂O₃	CaO	MgO	TiO₂	K₂O	Na₂O	S	P	LOI
原样	52.17	23.89	12.1	3.36	1.91	2.77	0.69	0.58	0.22	0.14	3.95
浮精1	30.11	14.33	0.97	0.88	1.06	0.54	0.38	0.82	0.02	0.02	52.23
浮尾1	53.11	23.24	12.23	3.43	1.95	2.83	0.70	0.39	0.02	0.14	1.75
浮精2	27.57	12.58	0.50	1.06	0.94	0.69	0.34	0.99	0.03	0.01	50.74
浮尾2	52.34	23.09	12.86	3.45	1.99	2.89	0.72	0.36	0.23	0.15	1.93

项目	La	Ce	Pr	Nd	Sm	Y	Eu	Gd	Tb	Dy	Ho
原样	80.70	193.20	22.47	88.66	17.22	65.17	3.33	15.50	2.20	13.60	2.58
浮精1	44.81	107.17	12.45	49.40	9.59	36.31	1.86	8.64	1.23	7.58	1.44
浮尾1	82.23	197.10	22.39	90.42	17.56	66.47	3.40	15.81	2.24	13.87	2.63
浮精2	39.68	95.12	11.07	43.67	8.48	32.10	1.64	7.64	1.08	6.70	1.27
浮尾2	84.11	201.24	23.42	92.42	17.95	67.93	3.47	16.16	2.29	14.18	2.69

项目	Er	Tm	Yb	Lu	C_{REY}	U_{REY}	E_{REY}	C_{outl}	C_{REY}/REY	REY
原样	7.17	1.01	6.57	0.94	180.1	135.9	204.3	0.88	0.34	520
浮精1	4.00	0.56	3.66	0.66	99.14	75.49	113.35	0.87	0.34	289.2
浮尾1	7.31	1.03	6.70	0.96	181.47	138.0	208.43	0.87	0.34	530.1
浮精2	3.53	0.50	3.24	0.46	87.65	66.86	100.58	0.87	0.34	256.2
浮尾2	7.47	1.05	6.85	0.98	185.47	141.64	212.81	0.87	0.34	542.2

注:常量元素单位为%,稀土元素单位为 μg/g,前景系数 C_{outl} 和紧要程度 C_{REY}/REY 无单位。浮精1和浮尾1是原始粉煤灰浮选的产品,浮精2和浮尾2是研磨 30 min 粉煤灰浮选的产品。

5.3　脱硅反应对粉煤灰中稀土元素的富集效果

　　通过第 4 章对稀土元素赋存状态的研究发现,稀土元素的主导赋存状态为铝硅酸盐态,主要表现形式是稀土元素位于无定形的 SiO₂ 和莫来石等表面或者被包裹其中。物理分选的方式在 5.2 节中已经被证实了对稀土元素的富集效果,但是富集系数受制于样品中的特定组分(粗颗粒、磁性物及未燃炭含量),另外物理分选方法并未改变稀土元素与玻璃体的结合形式,仍然会对稀土元素的提取产生较大的干扰,因此,仍需对铝硅酸盐态的稀土元素展开深入研究。

　　据文献报道[19-22],从粉煤灰中提取有价金属元素,如从高铝粉煤灰中提取铝,往往先采用一定浓度的 NaOH 溶液将无定形的 SiO₂ 选择性溶解,避免后续生成硅酸钙渣等不利于生产提取的因素,而且能够有效地利用粉煤灰中的硅元素[211]。在碱溶过程中,无定形 SiO_2 和 Al_2O_3 以及部分的莫来石均会溶解,以不同形式的 $[SiO_3]^{2-}$ 和 $[Al(OH)_4]^-$ 存在,具体的反应方程见式(5-2)~式(5-5)。但是随着碱溶过程的持续进行,铝硅容易生成沸石相,覆盖在颗粒表面,从而降低 SiO_2 溶出率。由此可见,碱溶过程反应进程及沸石是否形成是脱硅过程的关键,势必将对稀土元素的富集与后续的提取产生重要影响。

$$2NaOH(aq) + SiO_2(s) = Na_2SiO_3(aq) + H_2O(l) \tag{5-2}$$

$$2NaOH(aq) + Al_2O_3(s) = 2NaAlO_2(aq) + H_2O(l) \tag{5-3}$$

$$6NaOH(aq) + 3Al_2O_3 \cdot 2SiO_2(s) = 2NaAlSiO_4(s) + 4NaAlO_2(aq) + 3H_2O(l) \tag{5-4}$$

$$6Na_2SiO_3(aq) + 6NaAlO_2(aq) + 8H_2O(l) =$$
$$Na_8Al_6Si_6O_{24}(OH)_2(H_2O)_2(s) + 10NaOH(aq) \tag{5-5}$$

选取经过粒度和磁性分级的广安粉煤灰,开展了碱溶脱硅试验:100 g 粉煤灰与 NaOH 溶液加入 1 000 mL 的三颈圆底烧瓶中,经过磁力搅拌在水浴加热一定温度的条件下,分别在 1 min、2 min、5 min、10 min、15 min、20 min、30 min、40 min、60 min、90 min、120 min、180 min 时取 10 mL 样品,而后过滤,收集滤液,滤饼烘干称重,滤饼经过微波消解后,通过 IPC-MS 和 OES 测定元素含量,按式(5-6)计算硅的脱除率,而后通过 SEM 和 XPS 技术对滤饼的形貌、表面元素构成和化学键的振动变化规律进行分析。

$$R_{Si} = \frac{C_i \times V_i}{C_f \times (10/1\,000) \times m_f} \tag{5-6}$$

式中　　R_{Si}——硅脱除率;

C_i——第 i 次取样过滤滤液中硅元素含量,$\mu g/g$;

V_i——第 i 次取样过滤滤液的体积,mL;

C_f——原始粉煤灰中硅元素含量,$\mu g/g$;

m_f——原始粉煤灰的质量,g。

5.3.1　碱溶脱硅反应动力学分析

为了提高脱硅率和更有利于后续稀土提取,对粉煤灰碱溶脱硅进程展开动力学研究。由前文可知,粉煤灰中固相大多为球形或近球形颗粒。研究表明,粉煤灰碱溶脱硅反应是一个多相非催化反应,最常见的反应模型是"未反应核收缩模型",可以根据粒径不变和粒径减小分类。碱性浸出反应中常见的模型是粒径不变模型,颗粒表面有固相层生成,如图 5-6 所示。脱硅反应的具体过程为[19]:刚开始的时候,溶液中的 NaOH 在扩散作用下,穿过粉煤灰颗粒($r_0 = r_C + r_A$)外层的液膜,距离为 r_F,该过程为 NaOH 外扩散过程;而后 NaOH 通过固相产物层,逐级与粉煤灰颗粒相接触,穿过的距离为 r_A,该过程为浸出剂内扩散过程;

NaOH 与粉煤灰颗粒反应,速率由化学反应控制;生成物穿过固相层扩散到外表面,为产物内扩散过程;可溶性产物由颗粒表面通过液膜扩散到溶液中,即产物外扩散过程。由此可见,碱溶脱硅过程速率控制因数主要有三种,分别对应着三种反应动力学方程,具体是:① 脱硅速率取决于 NaOH 或者可溶性产物通过液膜层的扩散速度,此时速率方程可表示为式(5-7);② 当 NaOH 或可溶性产物在固态产物层扩散阻力远大于外扩散,而且化学反应速度很快,即脱硅反应受固膜扩散控制,此时速率方程为式(5-8);③ 当液膜和固膜层的扩散阻力很小,以致整个过程受化学反应控制,速率方程为式(5-9)。

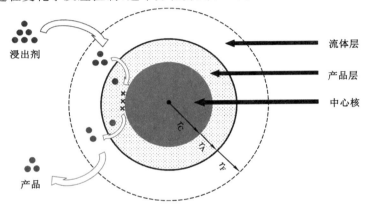

图 5-6 粉煤灰碱溶脱硅过程示意图

$$X = k_1 t \tag{5-7}$$

$$1 + 2(1 - X) - 3(1 - X)^{2/3} = k_2 t \tag{5-8}$$

$$1 - (1 - X)^{1/3} = k_3 t \tag{5-9}$$

式中　k_1, k_2, k_3——脱硅反应速率,min^{-1};

X——脱硅过程的硅脱除率,%;

t——浸出时间,min。

温度和反应物浓度是影响化学反应动力学速率方程的重要参数,另外搅拌速度的强弱对液膜层的扩散具有重要的影响,因此本节将从这 3 个因素的角度对碱溶脱硅反应动力学进行研究。

(1)搅拌速度对脱硅的影响

搅拌速度的大小对溶液的流动速度具有重要影响,进而对反应物和产物在液膜层的扩散速度产生重要影响。当硅的溶出率受搅拌速度影响较大时,整个过程受液膜扩散控制。因此,选择固液比为 1:50(避免固液对后续反应的影响),反应温度为 90 ℃,NaOH 溶液浓度为 6 mol/L 的条件下,考察搅拌速度

（100 r/min、200 r/min、300 r/min 和 400 r/min）对硅脱除率的影响，结果如图 5-7 所示。结果表明搅拌速度对硅的脱除率影响不大，说明了脱硅过程并不是受液膜扩散控制，反应式（5-6）对于脱硅过程并不适用。为了减少搅拌速度对后续反应的影响，选择搅拌速度为 400 r/min。

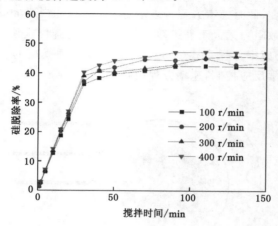

图 5-7　不同搅拌速度下搅拌时间与硅脱除率的关系

（2）温度对脱硅的影响

反应温度对化学反应速率和反应物（产物）在固态产物层的扩散速度都有重要影响，进而会影响对碱溶脱硅过程核收缩未反应模型控制机制的判断。因此，在固液比为 1：50，搅拌速度为 400 r/min，NaOH 溶液浓度为 6 mol/L 的条件下，选择 4 种反应温度 60 ℃、70 ℃、80 ℃和 90 ℃，考察温度对硅脱除率的影响，结果如图 5-8（a）所示。发现随着温度的提高，硅脱除率逐渐增加，其中 60 ℃和 70 ℃ 条件下，脱硅率持续增加但未达到浸出极限；80 ℃和 90 ℃条件下，脱硅率前期增长很快，后期增长速度逐渐变缓，其中 90 ℃处理的样品在 100 min 后呈现小幅度下降。

根据方程式（5-7）和式（5-8）分别建立起不同阶段下核收缩未反应模型与浸出时间的关系，如图 5-8（b）（c）所示。结果表明该阶段受颗粒化学反应控制，反应后期受固态层扩散控制。两个阶段的临界值与温度关系密切，温度较低时（60 ℃），在研究的时间内，整个反应过程受表面反应控制，而随着温度的升高，受表面反应控制的时间逐渐缩短，改变成受固态层扩散控制。

在 NaOH 浓度为 6 mol/L、温度为 90 ℃条件下，脱硅反应在 100 min 后出现了不遵守反应控制和固态层扩散控制的第三个阶段，硅脱除率在下降，表明了在高碱度、高温度条件下，铝硅沸石生成，附着在颗粒表面，这个时候单一的控制因素不足以解释反应过程。

图 5-8（b）和（c）是根据动力学拟合后的结果，根据直线斜率得到不同温度下的 k 值，根据阿伦尼乌斯方程（Arrhenius）［式（5-10）］，分别对其 $\ln k$ 和 T^{-1} 进行拟合，结果如图 5-8（d）所示，可见二者均呈现良好的线性关系，R^2 分别是 0.98 和 0.95。根据图 5-8（d）中直线斜率分别获得两个阶段的反应表观活化能为 70.89 kJ/mol 和 3.21 kJ/mol，与之前文献中有关核收缩未反应模型的活化能的范围相符——受化学反应控制的活化能一般大于 42 kJ/mol，受固态层扩散控制的活化能不超过 13 kJ/mol [23]。两个阶段的指前因子分别为 72.15×10^5 和 42.72×10^{-5}。

$$\ln k = \ln A - E/(RT) \tag{5-10}$$

式中　　A——指前因子；

　　　　R——摩尔气体常量，8.314 J/(mol·K)；

　　　　E——过程的活化能。

（3）氢氧化钠浓度对脱硅的影响

氢氧化钠浓度作为反应物，其浓度对整个脱硅反应过程具有重要的作用，不仅能够影响化学反应速率，也能对反应物在固态层扩散速度产生影响。为了研究 NaOH 浓度对整个脱硅过程的影响，在固液比为 1∶50，搅拌速度为 400 r/min，反应温度为 90 ℃ 的条件下，考察 NaOH 浓度（1 mol/L、2 mol/L、4 mol/L 和 6 mol/L）对硅脱除率的影响，结果如图 5-9（a）所示。由图可见 NaOH 浓度越高，硅脱除的速度越快：NaOH 浓度为 1 mol/L 时，硅脱除率随着时间增加而增加，并未达到溶出极限；而浓度为 2 mol/L、4 mol/L 和 6 mol/L 时，硅的脱除率随着时间先快速增加，而后平缓增加，达到一定程度后，脱除率略有下降。

根据方程式（5-7）和式（5-8）分别建立起不同阶段下核收缩未反应模型与浸出时间的关系，如图 5-9（b）（c）所示。结果表明该阶段受颗粒化学反应控制，反应后期受固态层扩散控制。两个阶段的临界值与 NaOH 浓度关系密切，NaOH 浓度较低时（1 mol/L），在研究的时间内，反应过程受化学反应控制；随着 NaOH 浓度的升高，受表面反应控制的时间逐渐缩短，改变成受固态层扩散控制。如上文所言，在 NaOH 浓度为 6 mol/L 时，碱溶脱硅存在第三个阶段。图 5-9（c）表明 NaOH 浓度为 4 mol/L 时也存在第三阶段。

本试验中通过对核收缩未反应模型与浸出时间的拟合，已经获得了两个阶段不同条件下的反应速率 k，可以通过微分法对不同脱硅阶段的反应级数进行计算，有利于反映 NaOH 浓度对反应速率的影响，进一步推测反应机理。具体操作为：将化学反应速率方程（5-11）取对数，得到方程（5-12），则 $\ln k$ 与 $\ln c$ 为

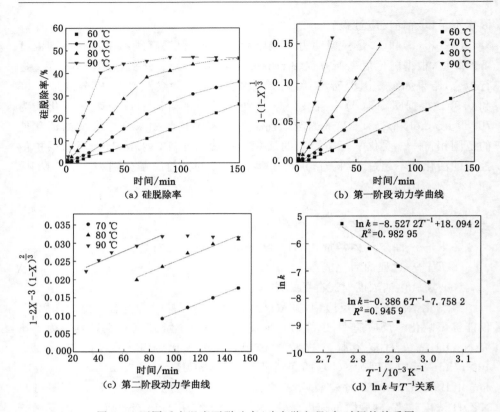

图 5-8 不同反应温度下脱硅率（动力学方程）与时间的关系图

线性关系，其斜率为反应级数 n，所以将 $\ln k$ 与 $\ln c$ 作图，得到图 5-9(d)。经过线性回归后，得到了第一、第二阶段的反应级数分别为 1.02 和 0.73，说明 NaOH 浓度在第一阶段对反应速率的影响更大。

$$k = Bc^n \tag{5-11}$$

$$\ln k = n\ln c + \ln B \tag{5-12}$$

式中　　k ——化学反应速率；

B ——反应速率系数；

c ——反应物 NaOH 浓度；

n ——表观反应级数。

通过对 3 个因素的研究可以发现，在不同试验影响因素下所得试验数据反映第一阶段均符合表面反应控制，后期均符合固态层扩散控制，因此可以得到粉煤灰碱溶脱硅反应动力学方程。

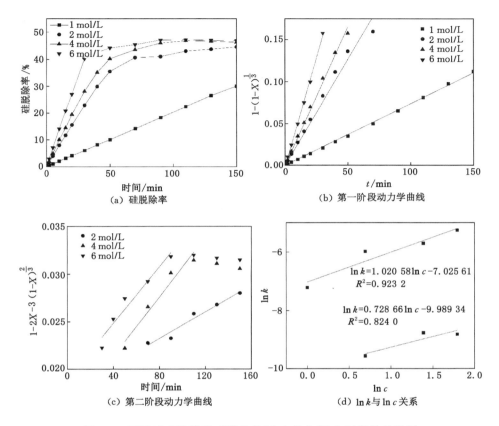

图 5-9 不同 NaOH 浓度时脱硅率(动力学方程)与时间的关系图

第一阶段为：

$$1-(1-X)^{1/3} = 72.15 \times 10^5 \exp\left(\frac{-70\,890}{RT}\right)t \tag{5-13}$$

第二阶段为：

$$1+2(1-X)-3(1-X)^{2/3} = 42.72 \times 10^{-5} \exp\left(\frac{-3.21}{RT}\right)t \tag{5-14}$$

5.3.2 分步碱溶对脱硅的影响

通过上述小节中对碱溶脱硅的研究发现,二氧化硅存在脱除极限,并且随着时间的进行还会造成脱除率的下降。有研究表明[5],在碱溶脱硅的过程中沸石相的形成会造成脱硅效果的下降。因此,避免沸石相的形成,是保证脱硅效果的关键。通过反应式(5-5)可知,形成沸石相的根本原因是溶液中积累了一定程度的硅、铝元素,在碱性条件下形成了沸石。根据这一思路,设计了多步碱溶处理粉煤灰保证脱硅和富集稀土元素的效果,具体操作为:将 5 g 粉煤灰与 50 mL 6 mol/L 的氢氧化钠溶液加入 100 mL 的锥形瓶中,锥形瓶放入水浴振荡箱中,在 90 ℃ 的条件下保持 30 min,而后过滤收集滤液,滤饼经烘干后称重,将干燥的滤饼与 50 mL 6 mol/L 的氢氧化钠溶液混合,重复上述操作 8 次;滤饼进行微波消解,消解液与滤液定容稀释后进行 ICP-AES 和 ICP-MS 测试。

多步碱溶处理粉煤灰的结果如图 5-10 所示:(a)图显示粉煤灰减少的重量,可以看出整体上呈现出溶出量依次下降的趋势,九次结束后,粉煤灰的重量减少了近 60%;(b)图显示硅元素在每步和累积溶出率,可以发现第一步处理时,硅的脱除率已经接近 30%,之后每步的脱除率逐渐降低,至第九步时趋近零,此时硅的累积脱除率达到 70%;(c)图显示铝的脱除率,第一步和第二步时铝的脱除率几乎为零,第三步到第五步时铝脱除率快速提高,最高达到了 12%,之后每步脱除率逐步降低,至第九步时趋近零,此时铝的累积脱除率达到了 60%;(d)图显示每步溶出液中铝、硅含量,可以发现在第一步和第二步中硅的含量极高,分别为 7 200 mg/L 和 4 000 mg/L,而此时铝的含量几乎为零,这就为第一步和第二步溶出液制备白炭黑等硅酸盐产品提供了可能,随后溶液中的硅含量逐渐降低,而铝元素含量先升高而后降低,当溶液中铝的浓度达到一定程度时,可以用"类拜耳法"回收粉煤灰中铝资源。

5.3.3　碱溶脱硅对稀土富集的影响

在研究碱溶脱硅过程中,发现稀土等金属元素并不会在 NaOH 溶液中溶解,因此随着硅元素的不断溶解,势必导致稀土元素在固体中不断富集。现在对一步和分步脱硅处理的粉煤灰中稀土元素的富集效果进行评估。一步脱硅的具体条件为时间 2 h,温度 90 ℃、NaOH 浓度 6 mol/L、固液比 1:10,一步和分步碱溶脱硅的固体样品分别定义为产品 3 和产品 4,经过洗涤、干燥准备后,样品进行 XRF 和 ICP-MS 测试,结果如表 5-4 所示。由表可见,产品 3 中各元素含量大小介于碱溶原样(产品 2)和产品 4 之间,间接说明了一步碱溶硅脱除率低,溶解的固体量少。富集比为产品 4 中元素含量较原样中的比例。此时产品 4 中铝硅比接近于 1:1,除 Na 的碱性金属(Mg、Ca 和 K)氧化物含量都呈现亏损状态(富集比小于 1),说明它们在碱溶过程中均有较大程度上的溶解。虽然氧化铁和氧化钛的含量较原粉煤灰中含量变化不大或相对亏损,但这主要是因为磁选出了相当一部分铁和钛元素,在碱溶过程中二者获得了较大的富集。同样获得富集的还有非金属元素硫和磷,在碱溶过程中并未参与任何反应,一直保留在固体相中。值得注意的,除了这些常量元素外,其他组分的含量也得到了提高,特别是粉煤灰中其他微量金属元素的含量得到了提高。这证实了分步碱溶法是一种有效的粉煤灰中稀土元素富集方法。

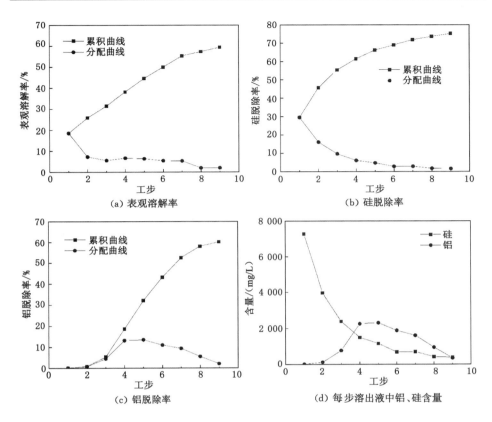

图 5-10　多步碱溶处理粉煤灰溶解结果

表 5-4　粉煤灰经碱溶脱硅后产品的化学组成

项目	SiO_2	Al_2O_3	Fe_2O_3	CaO	MgO	TiO_2	K_2O	Na_2O	S	P	其他
原样	43.66	25.61	12.89	6.69	0.81	1.78	2.08	0.78	0.93	0.27	3.91
产品 2	52.76	32.31	0.89	3.29	1.21	0.29	2.78	2.34	0.23	0.98	2.92
产品 3	44.65	35.24	2.04	1.89	1.00	1.24	2.03	4.02	0.52	1.36	6.00
产品 4	35.86	37.26	4.86	0.99	0.54	1.81	1.75	5.84	1.04	2.43	7.63
富集比	0.82	1.46	0.38	0.15	0.66	1.01	0.84	7.48	1.11	9.00	
项目	La	Ce	Pr	Nd	Sm	Eu	Gd	Tb	Dy	Y	Ho
原样	138.7	290.3	30.28	113.6	21.59	3.51	20.88	3.23	20.04	109.9	3.98
产品 2	194.3	385.8	42.99	149.8	29.46	4.42	25.45	3.09	25.35	129.0	4.90
产品 3	264.2	510.9	55.98	198.2	38.56	170.5	5.80	34.00	4.12	32.77	6.08
产品 4	402.3	750.3	80.35	304.2	60.94	9.02	48.65	6.23	51.27	348.5	9.02
富集比	2.90	2.58	2.65	2.68	2.82	2.57	2.33	1.93	2.56	3.17	2.27

表 5-4(续)

项目	Er	Tm	Yb	Lu	C_{REY}	U_{REY}	E_{REY}	C_{outl}	C_{REY}/REY	REY
原样	12.02	1.66	10.88	1.56	262.3	211.41	308.4	0.85	0.34	782
产品 2	14.28	2.25	12.25	1.81	326.0	292.0	407.0	0.80	0.32	1025
产品 3	19.14	3.02	16.03	2.37	426.4	392.8	538.4	0.79	0.31	1 362
产品 4	29.5	4.65	26.51	3.52	748.7	592.2	794.0	0.94	0.35	2 135
富集比	2.46	2.80	2.44	2.26	2.85	2.80	2.57	1.11		2.73

注:常量元素单位为%,稀土元素单位为 $\mu g/g$,前景系数 C_{outl} 和紧要程度 C_{REY}/REY 无单位。

5.4 富集方法对粉煤灰中稀土元素浸出的影响

5.4.1 粉煤灰中稀土元素的浸出极限

为了更好地判断衡量多种富集方法对稀土元素回收的影响,对富集产品中稀土元素浸出率进行评估,首先确定在一定条件下稀土元素在粉煤灰中的浸出率,定义为粉煤灰中稀土元素浸出极限,这也有助于理解燃烧方式对稀土浸出的影响。所以试验条件设定为:搅拌速度 400 r/min,温度 60 ℃,固液比 1∶10,盐酸浓度 3 mol/L,浸出时间 2 h[24]。对六地粉煤灰进行了浸出试验,获得的结果如图 5-11 所示。

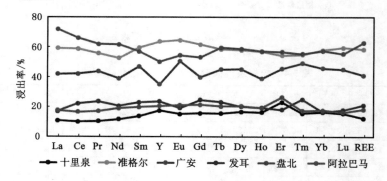

图 5-11 六地粉煤灰中稀土元素的浸出基线

由图 5-11 可以发现,六地粉煤灰稀土元素的浸出基线可以以广安粉煤灰的基线为界分成两类。一类是准格尔和盘北粉煤灰,稀土元素的浸出率在 60% 左右。这两地的粉煤灰均来源于循环流化床,由 2.3.4 小节中扫描电镜的观察可知,这类粉煤灰中颗粒以矿物碎屑为主,只存在少量的球形颗粒,较大的比表面积有利于稀土的浸出。另有研究表明,煤矸石中主要成分为石英和高岭石等铝硅酸盐矿物,高岭石在600～800 ℃温度范围内发生脱氢反应,破坏了矿物晶格结构,循环流化床中的温度一般在900 ℃作用,刚好处于原始矿物晶格被破坏、尚未形成熔融态的阶段,十分有利于稀土元素的浸出。第二类是典型的煤粉炉粉煤灰,在高温(约1 200 ℃)燃烧的条件下,煤矸石经历了熔融状态,将稀土组分包裹在其中产生了玻璃体或者在重结晶的作用下形成了莫来石,无法通过直接酸浸的方法浸出,只有部分未被完全包裹的稀土组分与盐酸发生反应浸出。广安粉煤灰也属于煤粉炉粉煤灰,稀土元素也存着被玻璃体包裹的现象,但广安粉煤灰原煤来自华蓥山煤田,煤中稀土矿物包括磷铝铈石、磷铈钇矿等磷酸盐矿物,较易被盐酸浸出,并且其氧化铁含量较高,多数氧化铁能够被盐酸浸出,导致了其稀土元素的浸出率高于其他几种煤粉炉粉煤灰。得到的六地粉煤灰的浸出极限,分别为十里泉12.24%、准格尔58.50%、广安41.02%、发耳21.12%、盘北62.85%和阿拉巴马21.47%。

5.4.2 粒度和磁性分级对稀土元素浸出的影响

由5.2.1小节可知粒度和磁性分级对稀土元素具有良好的富集效果,实现了稀土品位的提高。为了更好地将稀土元素浸出,对分级后的样品进行浸出试验,将结果与浸出基线相比较。具体条件与获得浸出基线的条件一致,详细操作按照5.4.1小节中的说明进行。广安粉煤灰和发耳粉煤灰分选前后稀土元素浸出率分别如图5-12和图5-13所示,其中产品1为粒度分级产品,产品2为粒度分级加磁性分级产品。广安粉煤灰经过粒度分级后,稀土总量浸出率大约从40%增加到55%左右,再脱除磁性组分之后,稀土的浸出率接近80%。推测其

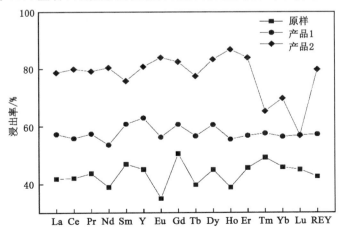

图5-12 广安粉煤灰原样及其分级产品中稀土元素的浸出率

原因主要包括以下几个方面：一是分级过程中能量的输入，颗粒随着水流运动、冲击等必定获得了一定的能量，甚至导致了一些颗粒的破碎；二是颗粒粒径的减小，比表面积的增加，这有利于在同等条件下，反应速率的增加，盐酸对被包裹的稀土释放能力增强；三是杂质成分的脱除，由第 3 章研究和文献可知，粉煤灰中未燃炭和磁性组分不是稀土元素的主要赋存状态，其中稀土元素含量低于粉煤灰中的平均值，原本以小颗粒存在的稀土矿物和铝硅酸盐结合态的稀土浸出量未发生改变，但所占的比例增加。在这些因素的共同作用下，广安分级产品中稀土元素浸出率提高。发耳粉煤灰经过分级后稀土元素浸出率则基本没有提高，尚处于误差范围之内。这可能是由于发耳电厂入料原煤中稀土元素的载体多为黏土矿物[25]，在成煤过程中混入泥炭，参与成煤，在燃烧过程中，黏土矿物经历熔融状态时将稀土元素充分地包裹在玻璃体内部，即使经过分级，也难以浸出。

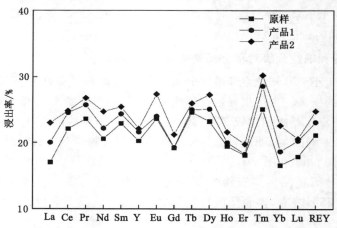

图 5-13　发耳粉煤灰原样及其分级产品中稀土元素的浸出率

5.4.3　浮选对稀土元素浸出的影响

由 5.2 节可知浮选对粉煤灰中未燃炭的脱除具有良好的效果，有利于稀土元素在一定程度上的富集，因此选取粉煤灰原样和研磨 30 min 粉煤灰的浮选产品进行浸出试验，将结果与浸出基线相比较，结果如图 5-14 所示。首先通过比较浮选入料、精矿和尾矿中稀土元素浸出率的关系可以发现，浮选入料和尾矿中稀土浸出率并无明显变化，只是浮选精矿中稀土浸出率有了明显的下降，这说明了浮选脱炭并不能改善浮选尾矿中稀土的浸出率，但是尾矿中稀土品位的提高，一定程度上有助于粉煤灰中稀土的浸出。另外可以发现经过研磨后，粉煤灰中稀土元素的浸出率获得了提高，从大约 20% 提高到 25%，明显的规律也出现在

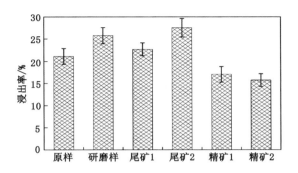

图 5-14　发耳粉煤灰浮选产品中稀土元素的浸出率

二者的浮选尾矿稀土元素浸出率上,这充分说明了研磨对粉煤灰的破坏增加了其颗粒表面粗糙度,有利于稀土元素的释放。二者的浮选精矿中稀土元素浸出率则并无明显区别,而且由于研磨后浮选原料浸出率的提高,也能够说明研磨后的浮选对浮选精矿中稀土浸出的抑制更为明显,从侧面证明了研磨之后浮选,进入浮选精矿中的稀土元素含量并无明显变化。

　　为了进一步理解粉煤灰浮选行为对稀土浸出率的影响,分别对研磨前后的粉煤灰及其浮选精矿的颗粒形貌进行了扫描电镜观察,辅以能谱分析去理解其浮选行为,结果如图 5-15 所示。图 5-15(a)和(b)中颗粒均为以 Al,Si,Fe 为主,辅以 Ca,Mn,S 的球形颗粒,分别为原始粉煤灰和研磨后粉煤灰,后者粗糙的表面为稀土浸出率的提高提供了直接证据,但是研磨不能从根本上破坏球形结构,也导致了稀土浸出率提高幅度并不是很大。由于未经过研磨,浮精 1 中未燃炭的体积较大,溶液有较多的夹带,如图 5-15(c)所示,较小颗粒的含铁小球也被携带上浮,推测同样密度较大的稀土元素也极有可能被夹带。而经过恰当研磨后,未燃炭体积减小,浮选精矿中未燃炭含量大量提高,夹带进入精矿中的铁、钛及稀土等高密度金属元素含量降低,有利于稀土的富集,如图 5-15(d)所示。由上述研究可知,合适的研磨可以使浮选中未燃炭得到有效分离,有助于铁、稀土等金属元素的富集。

5.4.4　碱溶脱硅对稀土元素浸出的影响

　　在 5.3 节中讨论了碱溶脱硅对粉煤灰中稀土元素的富集效果,分成了一步脱硅和分步脱硅,二者对硅的脱除和稀土的富集效果有所不同,可能对其中的稀土浸出产生重要影响,因此,在本小节对初始粉煤灰、一步和分步脱硅粉煤灰进行稀土浸出试验。具体的操作过程为:将 10 g 样品与 1 000 mL 3 mol/L 的盐酸溶液混合于锥形瓶中,通过水浴加热保持在 60 ℃,400 r/min 磁力搅拌保证混合

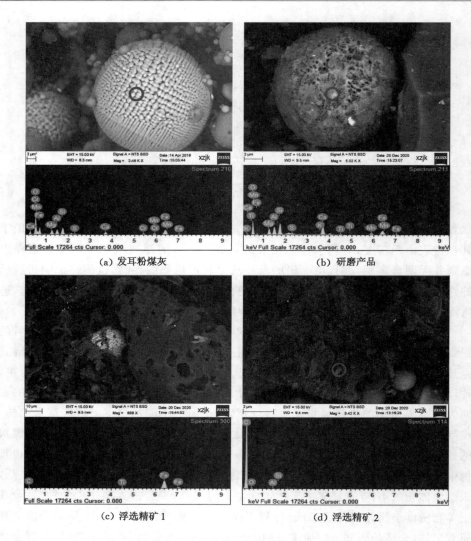

(a) 发耳粉煤灰　　　　　　　　　　　(b) 研磨产品

(c) 浮选精矿 1　　　　　　　　　　　(d) 浮选精矿 2

图 5-15　粉煤灰颗粒表面形态

均匀，浸出时间为分别为 1 min、2 min、5 min、10 min、15 min、20 min、30 min、40 min 、60 min、90 min、120 min、180 min，而后过滤，收集滤液，滤饼烘干称重，滤液经定容稀释后进行元素测试。利用扫描电镜和 XPS 射线分别对初始、一步和分步脱硅粉煤灰以及酸浸渣颗粒的表面性质进行分析，探讨整个过程机理。

　　三种粉煤灰样品的稀土浸出率如图 5-16 所示，在 90 min 之前，三者的稀土元素浸出率均随着时间的延长而增加，其中脱硅样品的稀土元素浸出速度高于初始粉煤灰。这是因为 NaOH 能够将包裹稀土组分的无定形 SO_2 溶解掉,尽早实现稀土与氢离子的接触反应。分步脱硅样品中稀土浸出的速度最快,在 90 min 时迅速达到 93%,之后稀土浸出率几乎不再发生变化。而一步脱硅后样品,稀土浸出率在 90 min 时达到了 82% 后略有下降。这可能是由于浸出过程中,盐酸与铝硅酸矿物产生的硅酸胶体包裹了部分稀土离子,造成了过滤时稀土元素进入滤饼中。分步脱硅粉煤灰中稀土元素的浸出速率和极限值均高于一步脱硅粉煤灰中的值,这是因为分步碱溶能够最大程度上脱除无定形 SO_2,同时溶解了一部分莫来石,进一步将稀土元素释放出来,也减少了硅酸的产生,减少了固液分离中稀土的损失。

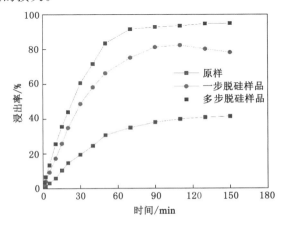

图 5-16　粉煤灰与脱硅粉煤灰中稀土元素浸出率与时间的关系

　　图 5-17 为粉煤灰、一步和分步脱硅粉煤灰及酸浸残渣中 Si(2p)、Al(2p) 的 X 射线光电子窄扫能谱图。Si(2p) 结合能的高低代表粉煤灰中硅酸盐聚合度[26],能力越高,聚合度越高,反应活性越低。由图 5-17(a) 可见,经脱硅后,Si(2p) 的结合能由 102.44 eV 降低到 101.59 eV 和 101.79 eV,这表明玻璃体的活性得到有效激发,在碱溶过程中 Si—O 键断裂,硅氧四面体骨架受到破坏,颗粒表面硅原子数量减少。分步脱硅粉煤灰表面的 Si(2p) 结合能略高于一步脱硅,也说明了分步碱溶处理脱硅更为彻底。经过酸浸后,Si(2p) 的结合能提高到 102.99 eV,表面剩余残渣的结构更为稳定。在碱溶过程中,氢氧根离子作用于 Al—O 键,形成铝酸根离子,扩散到溶液中,进而形成 Al—OH 键。Al—OH 键能低于 Al—O 键能,造成了粉煤灰中 Al(2p) 的结合能从 74.01 eV 降为 73.54 eV。随着脱硅次数的增多,表面的 Al—OH 键逐级减少,Al—O 键呈现在颗粒表面上,使得 Al(2p) 的结合能又提高到 73.89 eV。在酸浸处理过程中,易于与酸反

应的物质已经溶解,剩下的为难溶残渣,表面反应活性低,导致了其结合能升高至 74.29 eV。

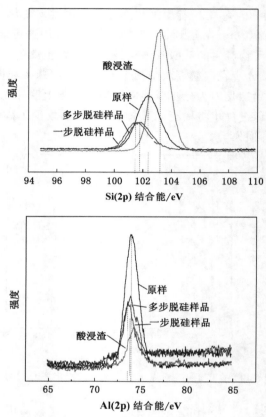

图 5-17　粉煤灰、脱硅粉煤灰和酸浸渣中硅、铝的 X 射线
光电子窄扫能谱图

　　由于铝、硅为粉煤灰中主要成分,铝、硅结合能的变化充分说明了粉煤灰活性的变化。粉煤灰活性低,结构稳定,也导致了稀土元素浸出存在极限,经过碱溶处理后,粉煤灰活性提高,玻璃相结构被破坏,使得更多的稀土元素能够在酸浸过程中与 H$^+$ 发生反应,从而被浸出。随着酸浸的进行,经活化后的稀土溶出,而剩余未能活化成功,包裹在难溶固体颗粒中的稀土元素,仍然难以浸出。分步碱溶的方法,是在破坏玻璃相结构的同时,减少新生成的铝硅酸盐凝胶附着在颗粒表面,避免其对稀土元素的浸出造成二次阻碍,并且能够有效地减少酸的消耗。

　　粉煤灰颗粒表面形态的变化,有力地支撑了整个过程中发生的反应,如

图 5-18 所示：粉煤灰中颗粒为光滑的球形，经过一步脱硅后，颗粒表面产生了多
孔结构，增大了与酸浸过程中 H^+ 的接触面积，利于原本颗粒内部稀土的浸出，
同时新产生的铝硅酸盐凝胶附着在颗粒表面[27-28]；分步脱硅后，颗粒表面基本
上不存在铝硅酸盐凝胶，主要为活化后的铝硅酸盐矿物；经过酸浸后，颗粒表面
多孔结构消失，呈现无定形态，这主要是由于在酸浸过程中，溶液中的硅酸根离
子与 H^+ 反应形成了硅酸，这也将部分稀土离子包裹在硅酸胶体中，不利于后续
的固液分离。

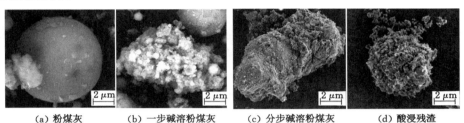

（a）粉煤灰　　　　（b）一步碱溶粉煤灰　　　（c）分步碱溶粉煤灰　　　（d）酸浸残渣

图 5-18　粉煤灰颗粒的表面形态

5.5　本章小结

本章考察了分级、浮选和脱硅等物理化学方法对粉煤灰中稀土元素富集的
效果，评估了各个方法富集后粉煤灰中稀土元素的可浸出性，主要结论包括：

（1）基于稀土元素在不同组分中的分布规律，分别将 37 μm 和 5 A 时磁场
强度作为粒度和磁性分级的条件，获得细颗粒非磁性物质，实现了稀土元素从
782 μg/g 到 1 025 μg/g 和从 520 μg/g 到 592 μg/g 的富集，富集比分别为 1.31
和 1.14。

（2）浮选主要用于粉煤灰中未燃炭的脱除，良好的工艺参数有助于未燃炭
的脱除，但浮选对稀土的富集效果并不明显，稀土浸出率并未获得提高。研磨有
助于未燃炭与灰质颗粒的分离，提高脱炭率，同时增加了颗粒表面的粗糙度，有
利于稀土元素的浸出。

（3）NaOH 溶液脱硅过程符合"核收缩未反应"模型，主要分为两个阶段，第
一阶段受化学反应控制，第二阶段受扩散作用控制，活化能分别是70.89 kJ/mol
和 3.21 kJ/mol，指前因子分别是 72.15×10^5 和 42.72×10^{-5}，反应级数分别是
1.02 和 0.73。在合适的温度和 NaOH 浓度的条件下，存在第三阶段，生产沸石
相。设计了分步碱溶脱硅方法，实现了对稀土元素的进一步富集，从 1 025 μg/g
富集到 2 135 μg/g。同时明确了铝硅溶出的阶段性差异，为铝硅的分别利用提

供了思路。

（4）研究了六地粉煤灰中稀土元素的可浸出性,结果分别为十里泉12.24%、准格尔58.50%、广安41.02%、发耳21.12%、盘北62.85%和阿拉巴马21.47%。该结果总体上表明了循环流化床粉煤灰中稀土元素浸出率高(约60%),而煤粉炉粉煤灰中稀土元素浸出率低(约20%)。广安粉煤灰虽属于煤粉炉粉煤灰,但其入料原煤中磷酸盐稀土矿有助于浸出率的提高。

（5）考察了分级、浮选和脱硅处理后产品中稀土元素的可浸出性评估及其原理分析:广安粉煤灰分级后,稀土浸出率从约40%提高到约80%,主要是分级过程中对稀土元素富集以及有助于稀土矿物的解离;浮选后,精矿中稀土元素浸出率下降,而尾矿中稀土元素浸出率无明显变化,研磨对浸出率的提高具有积极意义;脱硅后粉煤灰中稀土浸出率得到了大幅度提高,这是由于脱硅后玻璃相溶解,颗粒比表面积增加;分步脱硅粉煤灰中稀土浸出率优于一步脱硅粉煤灰,具体表现为分步脱硅避免了沸石相的产生,减少了铝硅酸胶体稀土浸出的阻碍,能够有效地减少酸的消耗,同时避免了酸浸过程中硅酸胶体对稀土的包裹,有利于固液分离。

参考文献

[1] 王小芳,高建明,郭彦霞,等. 循环流化床粉煤灰与煤粉炉粉煤灰磁选除铁差异性研究[J]. 环境工程,2020,38(3):148-153.

[2] 李进春. 基于气-固两相流分级原理及 SLK 粉煤灰分级机应用研究[D]. 绵阳:西南科技大学,2009.

[3] 李国胜. 浮选泡沫的稳定性调控及粉煤灰脱炭研究[D]. 徐州:中国矿业大学,2013.

[4] WANG Z,DAI S F,ZOU J H,et al. Rare earth elements and yttrium in coal ash from the Luzhou power plant in Sichuan,Southwest China:concentration,characterization and optimized extraction[J]. International Journal of Coal Geology,2019,203:1-14.

[5] 柳丹丹. 粉煤灰酸法提铝过程 SiO_2 强化分离及硅基材料制备研究[D]. 太原:山西大学,2019.

[6] GAO X,LI Y,GARCIA-PEREZ M,et al. Roles of inherent fine included mineral particles in the emission of PM_{10} during pulverized coal combustion[J]. Energy & Fuels,2012,26(11):6783-6791.

[7] YAN L,GUPTA R P,WALL T F. A mathematical model of ash formation

during pulverized coal combustion[J]. Fuel,2002,81(3):337-344.

[8] MCNALLAN M J, YUREK G J, ELLIOTT J F. The formation of inorganic particulates by homogeneous nucleation in gases produced by the combustion of coal[J]. Combustion and Flame,1981,42:45-60.

[9] 樊斌. 典型低阶煤燃烧灰颗粒的生成及混烧对沉积特性的影响[D]. 武汉：华中科技大学,2019.

[10] 曾宪鹏,于敦喜,于戈,等. 准东煤燃烧中不同形态无机元素向颗粒物的转化行为[J]. 煤炭学报,2019,44(2):588-595.

[11] 黄骞. 矿物质对煤粉燃烧颗粒物生成和沉积特性的影响机理[D]. 北京：清华大学,2017.

[12] NEVILLE M,SAROFIM A F. The fate of sodium during pulverized coal combustion[J]. Fuel,1985,64(3):384-390.

[13] MWABE P O, WENDT J O L. Mechanisms governing trace sodium capture by kaolinite in a downflow combustor [J]. Symposium (International) on Combustion,1996,26(2):2447-2453.

[14] DAI B Q, WU X, GIROLAMO A D, et al. Inhibition of lignite ash slagging and fouling upon the use of a silica-based additive in an industrial pulverised coal-fired boiler. Part 1. Changes on the properties of ash deposits along the furnace[J]. Fuel,2015,139:720-732.

[15] DAI B Q,WU X J, DE GIROLAMO A, et al. Inhibition of lignite ash slagging and fouling upon the use of a silica-based additive in an industrial pulverised coal-fired boiler: part 2. Speciation of iron in ash deposits and separation of magnetite and ferrite[J]. Fuel,2015,139:733-745.

[16] 王传志,潘清波,柴冬青,等. 4 MW 循环流化床浆态超细粉高温雾化脱硫试验研究[J]. 煤炭加工与综合利用,2020(6):86-91.

[17] 胡洋,何东升,刘爽,等. 含稀土磷矿稀土元素赋存特性[J]. 矿物学报,2020,40(1):101-105.

[18] 刘勇,刘珍珍,刘牡丹. 含稀土磷灰石精矿中稀土的分离研究[J]. 有色金属（冶炼部分）,2013(12):28-30.

[19] 杜淄川,李会泉,包炜军,等. 高铝粉煤灰碱溶脱硅过程反应机理[J]. 过程工程学报,2011,11(3):442-447.

[20] 苏双青,马鸿文,邹丹,等. 高铝粉煤灰碱溶法制备氢氧化铝的研究[J]. 岩石矿物学杂志,2011,30(6):981-986.

[21] 张廷安,郑朝振,吕国志,等. 高铝粉煤灰制备氢氧化铝的比表面积及孔隙

特性[J]. 东北大学学报(自然科学版),2014,35(10):1456-1459.

[22] 徐梦,辛志峰,李婷,等.水热碱溶法从粉煤灰中浸出镓的研究[J].矿冶工程,2016,36(4):68-71.

[23] HABASHI F. Principles of extractive metallurgy:hydrometallurgy[M]. New York:Gordon and Breach,1969.

[24] CAO S S,ZHOU C C,PAN J H,et al. Study on influence factors of leaching of rare earth elements from coal fly ash[J]. Energy & Fuels, 2018,32(7):8000-8005.

[25] 王强,杨瑞东,鲍淼.贵州毕节地区煤层中稀土元素在含煤地层划分与对比中应用探讨[J].沉积学报,2008,26(1):21-27.

[26] BLACK L,GARBEV K,STEMMERMANN P,et al. X-ray photoelectron study of oxygenbonding in crystalline C-S-H phases[J]. Physics and Chemistry of Minerals,2004,31(6):337-346.

[27] PAN J H,NIE T C,VAZIRI HASSAS B,et al. Recovery of rare earth elements from coal fly ash by integrated physical separation and acid leaching[J]. Chemosphere,2020,248:126112.

[28] PAN J H,HASSAS B V,REZAEE M,et al. Recovery of rare earth elements from coal fly ash through sequential chemical roasting,water leaching,and acid leaching processes[J]. Journal of Cleaner Production, 2021,284:124725.

6　粉煤灰中稀土元素的焙烧-酸浸提取工艺研究

6.1　研究目的及策略

　　前文中介绍了粉煤灰中稀土元素的浸出特性,规定了各地粉煤灰稀土元素的浸出基线,发现了稀土的浸出类型主要分为两类:循环流化床锅炉粉煤灰经过浸出后稀土元素的浸出率能够达到 60% 左右,而煤粉炉粉煤灰稀土元素的浸出率仅在 20%～30%。这是由于煤粉炉中温度达到 1 200 ℃,稀土元素溶于熔融态的铝硅酸盐矿物,在降温的过程中产生了玻璃相,而物理方法难以将其打破将稀土元素释放出来,比如 5.5 节中的发耳粉煤灰,物理方法难以提高其稀土元素的浸出率。虽然广安粉煤灰也属于煤粉炉粉煤灰,但是由于其入料原煤中稀土元素主要以磷酸盐矿物的形式存在,熔融态的铝硅酸盐矿物对磷酸盐矿物包裹不完全,造成了物理分选前后其中稀土元素的浸出率高于其他粉煤灰的事实。但是玻璃相阻碍稀土元素浸出的客观问题并未解决,亟须寻找有效方法打破玻璃相对稀土元素的禁锢。

　　一直以来,焙烧在稀土元素提取的过程中发挥着重要作用,是打破粉煤灰中玻璃体的有效办法。本章考察不同添加剂(氢氧化钠、碳酸钠、氢氧化钙、硫酸钙、硫酸铵和氯化钙)对玻璃体的破坏效果,这些添加剂基本上能代表了焙烧过程中常用添加剂的类型。焙烧后,通过水洗的方式去除多余的添加剂和其产物,而后利用酸浸方法检验稀土元素的浸出效果,探究整个过程中的反应机理,利用响应面法优化整个过程控制条件,最终形成焙烧-水洗-酸浸联合工艺,实现稀土元素的有效提取。

6.2　试验方案与分析方法

　　称取 2 g 烘干好的粉煤灰倒入 50 mL 的刚玉坩埚中,而后按照质量比 1∶1 称取适量的添加剂,加入坩埚中,将二者搅拌均匀,放入已经设定好温度的加热炉中(100～1 200 ℃,±30 ℃),保持一段时间后,关闭加热炉冷却。待冷却至室温后，取出坩埚，将固体样品转移到锥形瓶中。为了保证样品的全部转移，可以用适量水清洗坩埚，而后倒入锥形瓶中，再将锥形瓶放入烘箱 2 h 烘干。而后进行水洗试验：磁力搅拌速度 400 r/min，水浴加热温度 9 ℃±3 ℃，浸出时间为 2 h，固液比为 1∶50。水洗后进行过滤，滤饼进行酸浸试验：磁力搅拌 400 r/min，水浴加热 60 ℃±3 ℃，盐酸浓度为 6 mol/L，浸出时间为 2 h，固液比为 1∶50。具体过程如图 6-1 所示。浸出液经过 2% 的硝酸稀释和固体样品经过消解定容之后进行 ICP-MS 检测。水洗和酸浸试验条件的设定主要是依据参考文献[1]和之前工作，其目的是避免因水洗和酸浸试验条件不够，而造成稀土未能浸出，无法对碱熔效果进行评价。后续联合工艺优化试验的操作步骤是在上述操作的基础上，对某个试验条件进行改变，选择最优条件。

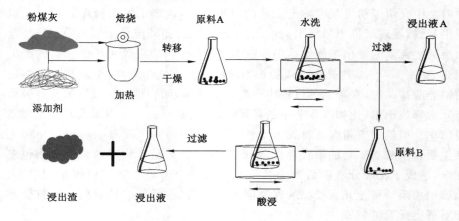

图 6-1　焙烧-水洗-酸浸试验流程图

　　为了研究联合工艺的反应机理，对整个反应过程展开了热力学分析，借助 HSC chemistry 化学软件，对其中可能发生反应的吉布斯自由能进行计算。通过综合热重分析，获得粉煤灰与添加剂的反应节点。利用 XRD、SEM-EDS 等手段对各个环节固体产物的物相组成和颗粒形态进行观察分析。利用 Design-Expert 软件对联合工艺的条件进行响应面法分析，获得最优条件，最终建立焙烧-水洗-酸浸的粉煤灰中稀土元素回收工艺。

6.3　粉煤灰焙烧-酸浸机理分析

6.3.1　焙烧前稀土元素的浸出基线

　　焙烧的目的是打破粉煤灰中玻璃相对稀土浸出的阻碍，判断联合工艺最重要的指标是稀土元素的浸出率。因此,选择一个只受焙烧影响而不受浸出过程影响的稀土浸出值作为浸出基线,对整个研究具有重要意义。在 5.4 节研究的过程中,已经确定了各地粉煤灰的浸出基线,但是在焙烧中使用了添加剂,物料性质发生变化,难以保证浸出率不受影响,所以,在浸出参数对粉煤灰中稀土元素浸出率影响机制研究的基础上,充分考虑焙烧后可能的情况,确定稀土元素浸出基线条件为:磁力搅拌 400 r/min,水浴加热 60 ℃±3 ℃,浸出时间为 2 h,固液比为 1∶50,酸浓度为 6 mol/L。以阿拉巴马粉煤灰为例,获得焙烧前稀土元素的浸出基线,进行联合工艺机理分析,浸出结果如表 6-1 和图 6-2 所示。

表 6-1　阿拉巴马粉煤灰主要元素和稀土元素浸出率　　　　单位:%

浸出液	Al	Fe	Mg	Mn	Si	L_{REE}	H_{REE}	REE
HCl	11.7	29.8	19.1	23.7	3.7	21.8	20.1	21.3
H_2SO_4	10.7	15.4	16.7	16.9	0.7	12.4	16.3	13.5
HNO_3	7.8	5.2	13.4	10.9	1.9	12.2	17.3	13.0

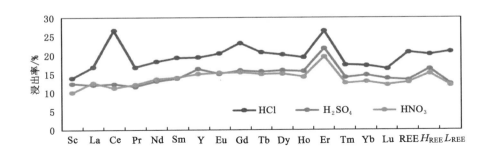

图 6-2　阿拉巴马粉煤灰稀土元素酸浸基线

由表 6-1 可以发现,稀土元素在盐酸中浸出率最高,超过 20%,而在硫酸和硝酸中浸出率仅有 13%。类似地,铝铁镁锰等金属元素在盐酸中浸出率高,而在硫酸和硝酸中浸出率低。此时,三种酸溶液中 H^+ 的浓度关系应该为 HCl∶HNO_3∶H_2SO_4＝1∶1∶2,若稀土浸出效果完全由 H^+ 浓度决定,此时稀土浸出率的关系应该为 HCl＝HNO_3＜H_2SO_4,但结果显然不是,说明了阴离子(Cl^-、NO_3^-、SO_4^{2-})在溶液中对稀土的浸出起着重要作用。可以注意到,相对于硫酸根离子和硝酸根离子,氯离子半径较小且电子云密度大,对于铝氧键具有强烈的作用,容易破坏粉煤灰中铝氧结构[2]。粉煤灰中的主要成分硅的酸浸率非常低,多数硅仍然保留在固体中,这与前人研究的结论相同[3]。因此,此处选择稀土盐酸浸出结果作为后续研究的浸出基线。

6.3.2 焙烧过程化学反应热力学分析

粉煤灰焙烧的主要目的是强化稀土元素的提取,前文对赋存状态的研究表明稀土元素提取的困难大部分来源于玻璃相和铝硅酸盐相的包裹,另外是粉煤灰中氧化铁的普遍存在,因此,本部分研究主要围绕着了添加剂与不定型 Al_2O_3 和 SiO_2、莫来石以及氧化铁。根据文献[4-13]与化学知识将五种添加剂[NaOH、Na_2CO_3、$Ca(OH)_2$、$(NH_4)_2SO_4$、$CaCl_2$]在焙烧过程中与粉煤灰主要成分发生的反应列于表 6-2,并且通过 HSC Chemistry 对所有反应的吉布斯自由能进行计算,判断反应自发进行的条件,将能够自发反应的温度列于表 6-2 中,吉布斯自由能与温度的关系绘于图 6-3 中。

表 6-2　粉煤灰与多种添加剂反应的自发进行条件

添加剂	反应式	温度/℃ ($\Delta G < 0$)	序号
NaOH	$6NaOH(s) + 3Al_2O_3 \cdot 2SiO_2(s) ==$ $2NaAlSiO_4(s) + 4NaAlO_2(s) + 3H_2O(g)$	0	(6-1)
	$2NaOH(s) + Al_2O_3(s) == 2NaAlO_2(s) + H_2O(g)$	0	(6-2)
	$NaAlO_2(s) + SiO_2(s) == NaAlSiO_4(s)$	0	(6-3)
	$2NaOH(s) + SiO_2(s) = Na_2SiO_3(s) + H_2O(g)$	0	(6-4)
	$2NaOH(s) + Fe_2O_3(s) = 2NaFeO_2(s) + H_2O(g)$	0	(6-5)
Na_2CO_3	$3Na_2CO_3(s) + 3Al_2O_3 \cdot 2SiO_2(s) ==$ $2NaAlSiO_4(s) + 4NaAlO_2(s) + 3CO_2(g)$	400	(6-6)
	$Na_2CO_3(s) + Al_2O_3(s) == 2NaAlO_2(s) + CO_2(g)$	800	(6-7)
	$NaAlO_2(s) + SiO_2(s) == NaAlSiO_4(s)$	0	(6-8)
	$Na_2CO_3(s) + SiO_2(s) == Na_2SiO_3(s) + CO_2(g)$	400	(6-9)
	$Na_2CO_3(s) + Fe_2O_3(s) == 2NaFeO_2(s) + CO_2(g)$	1 000	(6-10)
$Ca(OH)_2$	$3Ca(OH)_2(s) + 3Al_2O_3 \cdot 2SiO_2(s) ==$ $CaAl_2Si_2O_7(s) + 2CaAl_2O_3(s) + 3H_2O(g)$	100	(6-11)
	$Ca(OH)_2(s) + Al_2O_3(s) == CaAl_2O_3(s) + H_2O(g)$	0	(6-12)
	$Ca(OH)_2(s) + SiO_2(s) == CaSiO_3(s) + H_2O(g)$	300	(6-13)
	$Ca(OH)_2(s) + Fe_2O_3(s) == CaFe_2O_3(s) + H_2O(g)$	300	(6-14)

表 6-2(续)

添加剂	反应式	温度/℃ ($\Delta G < 0$)	序号
(NH₄)₂SO₄	$12(NH_4)_2SO_4(s) + 3Al_2O_3 \cdot 2SiO_2(s) = 6NH_4Al(SO_4)_2(s)$ $+ 18NH_3(g) + 3H_2O(g) + 2SiO_2(s)$	300	(6-15)
	$4(NH_4)_2SO_4(s) + Al_2O_3(s) = 2NH_4Al(SO_4)_2(s)$ $+ 6NH_3(g) + 3H_2O(g)$	300	(6-16)
	$3(NH_4)_2SO_4(s) + Fe_2O_3(s) = Fe_2(SO_4)_3(s)$ $+ 6NH_3(g) + 3H_2O(g)$	400	(6-17)
CaCl₂	$36CaCl_2(s) + 7(3Al_2O_3 \cdot 2SiO_2)(s) + 36H_2O(g/l) =$ $3Ca_{12}Al_{14}O_{33}(s) + 14SiO_2(s) + 12HCl(g)$	1 000	(6-18)
	$6CaCl_2(s) + 3Al_2O_3 \cdot 2SiO_2(s) + SiO_2(s) + 6H_2O(g/l)$ $= 3Ca_2Al_2SiO_7(s) + 12HCl(g)$	700	(6-19)
	$CaCl_2(s) + SiO_2(s) + H_2O(g/l) = CaSiO_3(s) + 2HCl(g)$	300	(6-20)
	$3CaCl_2(s) + Fe_2O_3(s) + 3SiO_2(s) + 3H_2O(g/l) =$ $Ca_3Fe_2(SiO_4)_3(s) + 6HCl(g)$	500	(6-21)

由表 6-2 可知:① 在使用 NaOH 做添加剂时,粉煤灰中的铝硅元素主要转化为 $NaAlSiO_4$ 和 Na_2SiO_3,氧化铁经 NaOH 一步作用生成 $NaFeO_2$,可能类似于 $NaAlO_2$,在二氧化硅的作用下进一步生成 $NaFeSiO_4$,根据吉布斯自由能的计算结果,所有的反应均可以在室温的条件下自发进行。② 相同的产物可见诸于 Na_2CO_3 做添加剂时,不同之处在于粉煤灰与 Na_2CO_3 的反应均不能室温条件下发生,其中 Na_2CO_3 与二氧化硅和莫来石的反应需要达到 400 ℃,与不定型 Al_2O_3 的反应需要达到 800 ℃,而与氧化铁的反应需要 1 000 ℃ 以上。③ $Ca(OH)_2$ 与粉煤灰的反应在温度达到 300 ℃ 时均可发生,生成的产物有 $CaAl_2Si_2O_7$、$CaAl_2O_3$ 和 $CaFe_2O_3$。④ 硫酸铵与莫来石的反应能够在 300 ℃ 进行,生成硫酸铝铵、氨气、水和二氧化硅。这说明了二氧化硅能够稳定存在于硫酸铵的环境中,二者不发生反应。硫酸铵与氧化铝能够在室温条件下进行反应,与氧化铁反应需要温度达到 400 ℃。⑤ 氯化钙与粉煤灰的反应,离不开水的参与,其中水的来源,可能是空气中的水分吸附在粉煤灰矿物孔隙,或者是生成金属氢氧化物等过程中积累的水分,又或是在粉煤灰微珠内部所积累的水分,再或者是因为焙烧在空气氛围下进行,空气中的水分参与了反应,具体机理尚不明确,需要进一步的研究。氯化钙与二氧化硅和氧化铁的反应条件相对温和,分别在 300 ℃ 和 500 ℃ 条件下可以自发进行;与莫来石的反应通过文献查证有两种[14],其自发

反应温度分别为700 ℃和1 000 ℃,产物为不同分子式的铝硅酸钙。

图 6-3 展现了粉煤灰与添加剂反应的吉布斯自由能与温度的关系,随着温度的升高,反应吉布斯自由能在逐渐降低,当吉布斯自由能低于 0 时,反应能够自发进行,具体温度值如表 6-2 中所示。

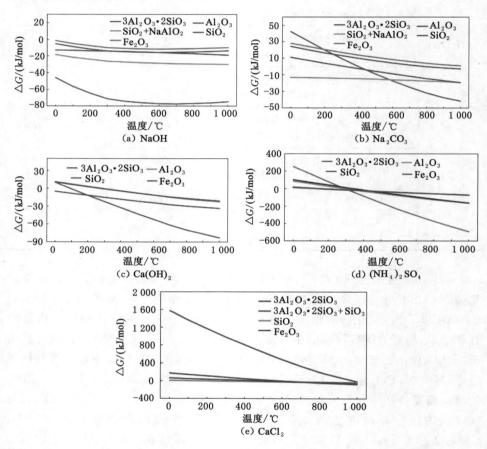

图 6-3　阿拉巴马粉煤灰与添加剂反应的吉布斯自由能与温度关系

6.3.3　焙烧和水洗结果分析与讨论

焙烧是为了让玻璃相与添加剂反应生成能溶于水或者酸的产物,进而通过水洗或酸浸实现包括稀土在内有用组分的回收。为了能够明确呈现五种添加剂焙烧的效果,分别选了 400 ℃、600 ℃ 和 800 ℃ 作为焙烧温度。另有文献表明[15],温度达到添加剂熔点温度时,添加剂的融化能够有效增加反应接触面积,提高焙烧效果,所以焙烧温度需增加至添加剂的熔点温度,同时,根据熔点温度的大小,适当增加焙烧温度一些,以充分体现添加剂在焙烧过程中的作用。将粉煤灰分别与五种添加剂混合焙烧后的产物进行了水洗,目的是去除焙烧过程中剩余的添加剂和生成的水溶性产物,以减少进入后续酸浸的量。对于结果有效的添加剂,所有试验进行重复性试验,计算的标准偏差作为试验结果的误差。

　　水洗的结果如图 6-4 所示,由图可见对于稀土元素来说,只有$(NH_4)_2SO_4$有效,达到了稀土酸浸基线,其余四种添加剂对稀土元素均不起效果,其浸出率接近于 0,说明了水洗过程能够很好地将稀土保存在固体相中。$(NH_4)_2SO_4$对硅元素的浸出效果不明显,浸出率在 1% 左右,对其余金属元素的浸出效果与稀土元素相似,其数值与金属元素浸出极限相近。其原因是粉煤灰焙烧过程中$(NH_4)_2SO_4$与莫来石、氧化铁等生成了一系列的可溶物[如 $NH_4Al(SO_4)_2$ 和 $Fe_2(SO_4)_3$],这些可溶物有助于稀土释放,但不能打破玻璃相对稀土元素的禁

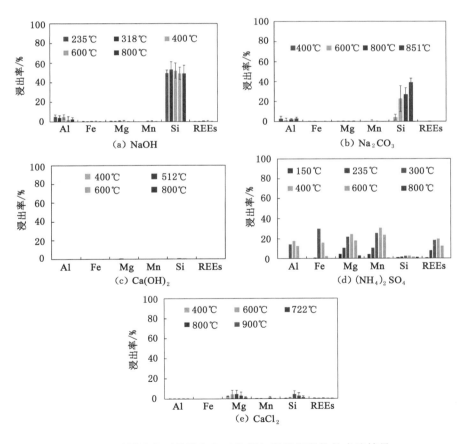

图 6-4　不同温度下粉煤灰与五种添加剂焙烧产物的水洗结果

锢,具体反应见式(6-21)、式(6-22)和式(6-23)。另外(NH₄)₂SO₄溶液只能提供弱酸环境,通过离子交换的方式,实现稀土元素有限的浸出。经过 NaOH 和 Na₂CO₃ 处理后,水洗中金属元素的浸出率几乎为零,但是硅的浸出率很高,这是因为 NaOH 和 Na₂CO₃ 能够和二氧化硅和莫来石发生反应[如式(6-1)和式(6-3)所示],生成可溶于水的硅酸钠。这也说明了 NaOH 和 Na₂CO₃ 可以有效地打破玻璃相。同时发现对于 Na₂CO₃ 焙烧来说,硅的浸出率随着温度的升高而升高,最高达到约 40%。而 NaOH 焙烧的硅浸出率与温度关系并不大,大约在 50%～60%,这可能是因 NaOH 溶液中 OH⁻ 的浓度高于 Na₂CO₃ 溶液,促进 SiO₂ 的溶解[16]。另外在使用这两种添加剂的时候,铝有少量的浸出,这应该是焙烧过程中生成的 NaAlO₂ 中未能与 SiO₂ 反应的部分,通过水洗进入溶液中。Ca(OH)₂ 不仅对稀土元素的浸出没有效果,对常量元素的浸出也没有任何效果,究其原因是焙烧过程中所生成的产物为非水溶性,而且氢氧化钙在 512 ℃时发生了分解反应生成 CaO,难以继续与粉煤灰发生反应。CaCl₂ 与 Ca(OH)₂ 相似,对于稀土元素和常量元素的作用可以忽略不计,其主要原因也是因为生成的产物为非水溶性。因此,从水洗过程目的(溶解部分非目的组分,减少后续酸的使用)角度考虑,NaOH 最优、Na₂CO₃ 次之。

$$(NH_4)_2SO_4(s) + MgO(s) === MgSO_4(s) + 2NH_3(g) + H_2O(g) \quad (6-22)$$

$$(NH_4)_2SO_4(s) + MnO(s) === MnSO_4(s) + 2NH_3(g) + H_2O(g) \quad (6-23)$$

6.3.4 酸浸结果分析与讨论

对经过焙烧和水洗的粉煤灰开展酸浸试验,具体结果如图 6-5 所示。粉煤灰与 NaOH 焙烧时,稀土元素在不同的温度下的浸出率并没有显著的区别(66%～79%),回收率都是在误差范围内,符合热力学计算中各自反应都能够在室温条件下发生反应。而粉煤灰与 Na₂CO₃ 焙烧时,稀土元素在酸浸中的浸出率随着温度的升高而增加,400 ℃和 600 ℃时稀土元素的浸出率没有显著区别,尽管玻璃相和莫来石与 Na₂CO₃ 的反应超过 400 ℃已经自发进行,可能因为接触面积小、反应速率慢等因素使得反应进度不高,未能大量破坏玻璃相,释放稀土元素;800 ℃以后稀土元素的浸出率快速上升,除了玻璃相和莫来石,也达到了氧化铝与 Na₂CO₃ 的反应温度(800 ℃),在熔点温度 851 ℃时,稀土元素的浸出率超过了 90%。类似的,粉煤灰与 CaCl₂ 焙烧后稀土元素浸出率也是随着温度的升高而增加,6.3.2 小节中的热力学分析能够很好地解释其发生原因;其稀土元素浸出率最高可以达到 75%,但是由于反应过程中 HCl 气体的产生会对工作人员、环境或工艺造价等造成不利影响,不建议使用氯化钙。经过(NH₄)₂SO₄ 和 Ca(OH)₂ 焙烧后稀土元素酸浸浸出率与浸出基线值相似,并无提高。

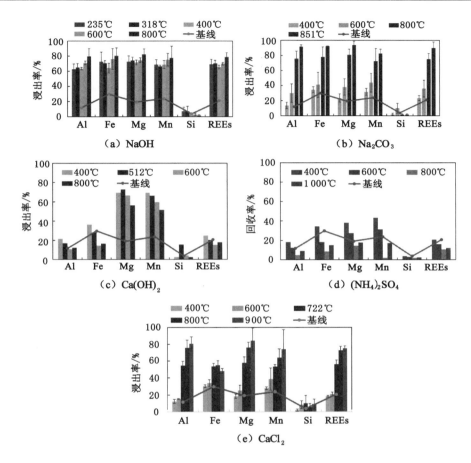

图 6-5　不同温度下粉煤灰与五种添加剂焙烧产物的酸浸结果

　　结果表明酸浸对于所有焙烧添加剂的硅浸出率都不能提高,与浸出基线相似。使用 NaOH 和 Na$_2$CO$_3$ 时,部分硅已经溶于水洗中,其余的硅在酸浸中形成了硅酸,具体反应为式(6-24)和式(6-25)。CaCl$_2$ 焙烧产物在酸浸中也生成了硅酸,具体反应为式(6-26)~式(6-28)。Ca(OH)$_2$ 焙烧产物也有少量的 Ca$_2$Al$_2$SiO$_7$ 生成,导致酸浸过程中也会产生少量硅酸。(NH$_4$)$_2$SO$_4$ 在焙烧中不会与二氧化硅反应,也导致了酸浸过程中硅的浸出率并未改变。其余金属元素的酸浸结果规律和稀土元素相似,NaOH 焙烧产物酸浸结果表明,各金属元素浸出率在 70% 左右,不受温度影响。Na$_2$CO$_3$ 和 CaCl$_2$ 焙烧产物酸浸结果表明,金属元素浸出率随着温度升高而逐渐提高。Ca(OH)$_2$ 焙烧产物的中铝和铁的浸出率并未提高,但是对于镁和锰浸出率有所提高,其机理尚不明确。(NH$_4$)$_2$SO$_4$ 焙烧产物对各个金属元素的浸出率并未提高。

通过以上对稀土元素、常量金属元素以及硅元素在酸浸和水洗结果的分析，可以明确五种添加剂中，最佳焙烧温度应该是添加剂的熔点（分解）温度左右，这既能够减少不必要能耗，又能够实现粉煤灰中元素的有效浸出。在五种添加剂中，从效果来说，NaOH、Na_2CO_3 以及 $CaCl_2$ 都能够实现稀土元素的高浸出率，NaOH 和 Na_2CO_3 还能够通过水洗过程去除部分硅元素，将减少后续酸的浸出，而 $CaCl_2$ 焙烧过程产生的 HCl 对环境有不利影响，因此，选择 NaOH 和 Na_2CO_3 作为焙烧添加剂进行后续的研究。

$$NaAlSiO_4 + 4HCl \Longrightarrow NaCl + AlCl_3 + H_4SiO_4 \tag{6-24}$$

$$Na_2SiO_3 + 2HCl \Longrightarrow 2NaCl + H_2SiO_3 \tag{6-25}$$

$$CaSiO_3 + 2HCl \Longrightarrow CaCl_2 + H_2SiO_3 \tag{6-26}$$

$$Ca_2Al_2SiO_7 + 10HCl \Longrightarrow 2CaCl_2 + 2AlCl_3 + H_2SiO_3 + 4H_2O \tag{6-27}$$

$$Ca_3Fe_2(SiO_4)_3 + 12HCl \Longrightarrow 3CaCl_2 + 2FeCl_3 + 3H_4SiO_4 \tag{6-28}$$

在 3.5 节中通过数理统计的方法研究了粉煤灰中稀土元素与常量元素的关系，并且指出了稀土元素与铝元素的关系最为紧密。为了进一步研究浸出过程中稀土元素与常量元素的行为差异，将整个工艺中稀土元素浸出率和不同常量元素浸出率绘于同一个散点图中，并对其进行拟合，结果如图 6-6 所示。由图可见，稀土元素的浸出率与除硅以外的五种金属元素的浸出率大体呈线性关系，但是相关程度大小不一，与铝的相关性最高、镁次之，R^2 值分别为 0.980 和 0.925，与钛的相关性最差，R^2 值仅为 0.811，很多点不在拟合的直线上。浸出过程中的一致性，有助于判断低含量稀土元素的行为走向，为其参数优化提供重要参考，同时也反映了稀土元素在粉煤灰中与铝的紧密关系。硅与稀土元素的浸出率并无明显关系，存在稀土浸出率为零，硅脱除率从低到高不等（或硅的浸出率为零，

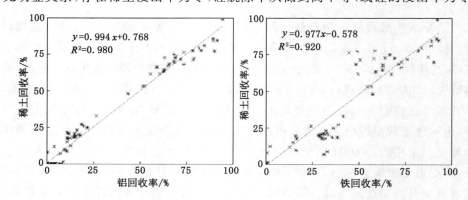

图 6-6　浸出过程中稀土元素与常量元素关系图

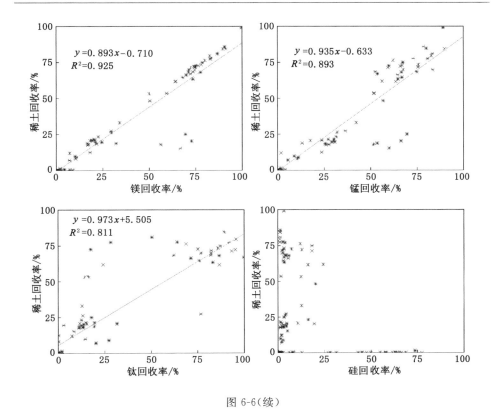

图 6-6(续)

稀土浸出率从低到高不等)的点。这也佐证了 3.6 节中的推测：稀土元素与硅的紧密关系可能是宏观研究的结果，只是因为硅元素在粉煤灰中的大量存在，导致低含量的稀土元素与硅产生联系。

6.3.5 固相产物性质分析与比较

上文中对焙烧过程中可能的化学反应进行了热力学分析，并通过浸出试验，探究了各个元素的浸出行为。为了进一步明确焙烧过程中发生的物相转化，对最佳焙烧温度的产物进行了 XRD 分析，结果如图 6-7 所示。在(a)图中，NaOH 和 Na_2CO_3 焙烧产品的 XRD 结果与热力学分析的结果一致，粉煤灰中原本二氧化硅的峰消失，取而代之的是霞石($NaAlSiO_4$)和硅酸钠(Na_2SiO_3)的衍射峰。$CaCl_2$ 焙烧产物中产生了新的硅酸钙和铝硅酸钙(如钙蔷薇石)，这些不溶于水但能够在酸浸过程中溶解。根据浸出试验中各个元素的浸出率，推测 $Ca(OH)_2$ 焙烧效果不佳，但是在 400 ℃ 焙烧产物中发现了硅酸钙($CaSi_2O_5$)，直接证实了热力学分析中反应的存在，400 ℃ 的选择也是为了避开其分解温度(512 ℃)；与粉

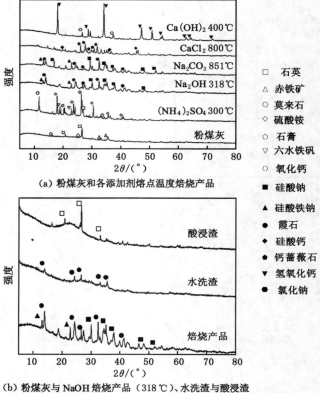

（a）粉煤灰和各添加剂熔点温度焙烧产品

石英 □
赤铁矿 △
莫来石 ○
硫酸铵 ◇
石膏 ⬠
六水铁矾 ▽
氧化钙 ◎
硅酸钠 ■
硅酸铁钠 ▲
霞石 ●
硅酸钙 ◆
钙蔷薇石 ⬟
氢氧化钙 ▼
氯化钠 ⬢

（b）粉煤灰与 NaOH 焙烧产品（318℃）、水洗渣与酸浸渣

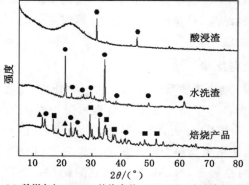

（c）粉煤灰与 Na₂CO₃ 焙烧产品（851℃）、水洗渣与酸浸渣

图 6-7　固体样品 XRD 分析图谱

煤灰的接触不够,也造成了的 $Ca(OH)_2$ 残留。$(NH_4)_2SO_4$ 焙烧产物中石英衍射峰仍然存在,说明了石英与 $(NH_4)_2SO_4$ 不发生反应,主要发生的反应如式(6-15)~式(6-19)所示。300 ℃已经超过 $(NH_4)_2SO_4$ 熔点,说明石英与 $(NH_4)_2SO_4$ 已经充分接触,二者未能进行充分反应。同时,$(Fe,Mg,Mn,Al,Ca)SO_4$ 衍射峰的存在有力地支持水洗过程中相应常量元素具有较高的浸出率。整体而言,XRD 衍射的结果很好地证实了热力学分析中的反应,也能够为浸出的结果给出合理的解释。

为了进一步获得水洗、酸浸过程中物相的转变,选取了最优的两种添加剂 NaOH 和 Na_2CO_3 对其焙烧产物、水洗渣和酸浸渣的 XRD 图谱进行比较分析,结果如图 6-7(b)(c)所示。二者焙烧产物中的硅酸钠已经溶于水中,因此水洗渣中的物相基本相同为 $NaAlSiO_4$,这也说明了硅的水洗浸出率存在浸出极限。$NaAlSiO_4$ 将在酸浸过程中溶解,反应如式(6-24)所示,是酸浸过程中铝等金属元素浸出率高的原因。经过酸浸后,酸浸渣主要为二氧化硅,17°~27°的凸起也说明了酸浸渣中存在不定型的二氧化硅,另外也证实了 NaCl 的存在。这是因为在酸浸过程中产生的硅酸,多以胶体存在,在过滤的过程中进入酸浸渣中,在加热烘干的过程中发生如式(6-29)反应,产生了不定型二氧化硅。

$$H_2SiO_3 = SiO_2 + H_2O \quad 或 \quad H_4SiO_4 = SiO_2 + 2H_2O \quad (6-29)$$

对粉煤灰与 NaOH 和 Na_2CO_3 焙烧浸出各个环节的固体产品的表面形态进行了观察,结果如图 6-8 所示。由图可见,粉煤灰原样中存在许多球形玻璃相颗粒。经过焙烧后,球形颗粒表面覆盖了焙烧添加剂,而后在水洗过程中洗掉了多余的添加剂和新产生的硅酸钠,所以水洗渣呈现不规则状,并且为多孔结构。通过对两种添加剂水洗渣中棒状晶体结构和多孔结构的比较,可以判断出 NaOH 比 Na_2CO_3 溶解硅的效果更好。产生的这些孔隙有利于酸的进入,有效地溶解铝硅酸钠等组分,是实现酸浸过程中稀土等金属元素有效浸出的原因。酸浸渣主要为硅酸胶体经过加热烘干后的二氧化硅胶体。

(a) 粉煤灰

图 6-8　碱熔-水洗-酸浸过程中固体样品 SEM 背散射图

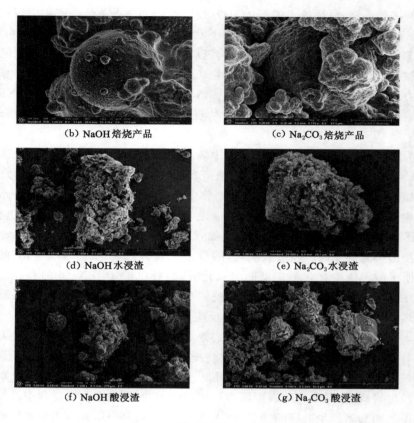

(b) NaOH 焙烧产品　　　　　　　　　(c) Na₂CO₃ 焙烧产品

(d) NaOH 水浸渣　　　　　　　　　(e) Na₂CO₃ 水浸渣

(f) NaOH 酸浸渣　　　　　　　　　(g) Na₂CO₃ 酸浸渣

图 6-8(续)

6.4　焙烧过程优化试验

上文中已经对粉煤灰碱熔-水洗-酸浸联合工艺对稀土元素提取的机理和可行性进行了深入解析,明确了焙烧、水洗以及酸浸各自的意义与作用,有利于指导本节中对联合工艺最优条件的探索。以下将分别采取模型矿物、热重分析,条件试验和响应面分析法等手段对焙烧、水洗和酸浸过程中的条件进行优化,这样不仅能够通过有限的试验次数获得最佳试验结果,而且能够揭示各个试验因素之间的交互作用。鉴于 NaOH 对焙烧温度要求较低,水洗中对硅有较好的脱除效果以及稀土元素在酸浸中效果明显等因素,下面将选择 NaOH 作为添加剂展开整个联合工艺的优选试验。

6.4.1 粉煤灰与添加剂比例和焙烧温度的确定

在 6.3 节中对温度对焙烧效果的影响有了初步判断,认为当温度等于或者大于添加剂的熔点温度之后,能够达到较好的焙烧效果,获得理想的稀土元素浸出率。但是,对于最佳反应温度尚缺少明确的判断。热重和差热分析能够清晰地反映不同温度下固体物料发生反应的温度节点,有利于明确粉煤灰与 NaOH 反应的具体温度,由此展开了粉煤灰与 NaOH 混合的热重试验,具体操作过程详见 4.3 节。为了确定焙烧过程中添加剂的最佳使用量,首先根据焙烧过程中发生的化学反应式(6-1)~式(6-5),发现与 NaOH 发生反应的分别是 SiO_2、Al_2O_3、$3Al_2O_3 \cdot 2SiO_2$ 和 Fe_2O_3。根据 2.3 节中对阿拉巴马粉煤灰物相组成的分析发现其主要包括石英(非晶型 SiO_2)、莫来石和磁赤铁矿,因此选择二氧化硅、莫来石和氧化铁的纯物质作为模型化合物,分别与 NaOH 混合,进行热重和差热分析,观察 TGA 和 DSC 曲线变化,并根据其各自在粉煤灰中的比例,进行数值拟合累积叠加;获得按比例的混合物,检验数值拟合结果,检验三种模型化合物与 NaOH 的反应能否代表粉煤灰与 NaOH 的反应。

NaOH 与粉煤灰及三种模型化合物的热重和差热分析结果如图 6-9 所示。由图 6-9(a)所示粉煤灰和 NaOH 作用的两种曲线可知,整个过程中有两处典型的重量损失和吸热过程,第一处大约在 80 ℃左右,此时表现为坩埚内部水分受热蒸发,其重量损失值大约在 7%;第二处是在 290~350 ℃,整个体系重量损失了约 9%,此处在 NaOH 熔点附近,应该是 NaOH 与粉煤灰得到了充分的接触,发生式(6-1)~式(6-5)的反应,重量的减少是反应过程中生成水蒸气所致。图 6-9(b)(c)(d)所示为二氧化硅、莫来石及氧化铁和 NaOH 热重曲线,与粉煤灰和 NaOH 反应体系曲线具有相似处,但也有较大差别:二氧化硅体系中重量呈一直下降趋势,说明了二者的反应在达到平台期(370 ℃)之前一直进行,减少的重量约在 20%;莫来石体系中重量一开始下降较快,接着下降趋势变缓直至进入 290~350 ℃区间内,下降速度提高,之后重量不再变化,也说明了前期反应的进行,但是要慢于 NaOH 与 SiO_2 的反应;氧化铁体系中热重曲线与粉煤灰体系中相似,在两次重量下降间存在一个平台。三种模型化合物的差热曲线中也有两处较为明显的吸热峰,具体位置与粉煤灰体系相似,均是在 80 ℃左右和 290~350 ℃,这为模型化合物选择的合理性提供了佐证。

由表 2-6 可知,阿拉巴马粉煤灰中含有 49.06% 的 SiO_2、21.25% 的 Al_2O_3 和 14.98% 的 Fe_2O_3。假设 Al_2O_3 在粉煤灰中全部以莫来石($3Al_2O_3 \cdot 2SiO_2$)的形式存在,则可由粉煤灰中莫来石的计算公式(6-30),计算得其所占比例为 29.58%,按照式(6-31)可以计算出粉煤灰中二氧化硅的比例为 40.63%。因此,此时粉煤灰中主要组分的含量分别是莫来石(29.58%)、二氧化硅(40.63%)

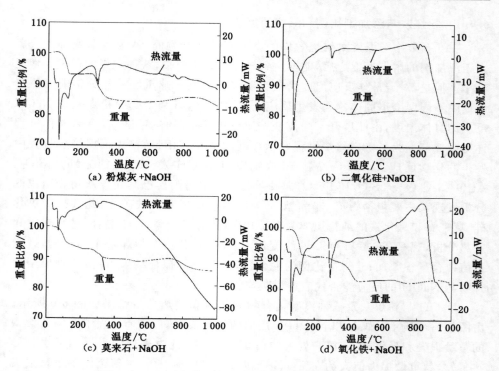

图 6-9　NaOH 与粉煤灰及其模型化合物热重和差热曲线

和氧化铁（14.98%）。

$$S_M = S_{Al} \times \frac{M_M}{3M_{Al}} \times 100\% \tag{6-30}$$

$$S_{Si} = S_{Si\ Raw} - S_M \times \frac{2M_{Si}}{M_M} \times 100\% \tag{6-31}$$

式中　　S_M ——粉煤灰中莫来石所占比例；

　　　　S_{Si} ——粉煤灰中氧化铝所占比例；

　　　　S_{Al} ——粉煤灰中二氧化硅所占比例；

　　　　S_{SiRaw} ——粉煤灰化学分析中二氧化硅所占比例；

　　　　M_M ——莫来石的相对分子质量（426）；

　　　　M_{Al} ——氧化铝的相对分子质量（102）；

　　　　M_{Si} ——氧化硅的相对分子质量（60）。

　　根据粉煤灰中这三种主要成分的含量，可以对模型化合物的热重数据进行两种模拟：一种是假设除了此三种成分外，其余成分仍与 NaOH 反应，如公式（6-32）所示；第二种是假设粉煤灰中有且仅有这三种成分与 NaOH 反应，如公式(6-33)所示。

$$模拟1 = \frac{40.63\%V_{Si} + 29.58\%V_M + 14.98\%V_{Fe}}{100\%} \tag{6-32}$$

$$模拟2 = \frac{40.63\%V_{Si} + 29.58\%V_M + 14.98\%V_{Fe}}{40.63\% + 29.58\% + 14.98\%} \tag{6-33}$$

式中　V_{Si}——二氧化硅热重曲线中的数值;

　　　V_M——莫来石热重曲线中的数值;

　　　V_{Fe}——氧化铁热重曲线中的数值。

两种模拟的结果如图 6-10(a)所示。图(a)结果清楚地显示第二种模拟结果和原始粉煤灰与 NaOH 的热重曲线具有较高的契合性,虽然原始粉煤灰在 100～290 ℃处有一个平台,而拟合结果呈现连续下降的趋势,这可能是因为由于数学拟合的缘故,造成了数据较为平滑,并且二氧化硅和莫来石的热重结果均呈现逐级下降的趋势,进而导致了拟合曲线呈现平滑状。根据第二种拟合的比例将三种模型化合物混合均匀,而后与 NaOH 混合后进行热重分析,结果如图 6-10(b)所示。与图 6-9 中原始粉煤灰与 NaOH 的热重及差热曲线相比,二者的规律几乎完全相同,比如差热曲线中的吸热峰和重量距离变化的位置均相同。唯一的不同是两处重量的下降值,在 100 ℃之前,原始粉煤灰下降约有 8%,而混合物下降值约为 4%,这仅仅说明原始粉煤灰与混合物中的含水量不同;在 290～350 ℃时,混合物体系中下降的值约为 7%,粉煤灰体系中下降的值约为 9%,这可能与原始粉煤灰中其他组分有关。由上述分析可以知,最佳的焙烧温度在 290～350 ℃,在 NaOH 熔点温度 318 ℃的两侧,因此,为了保证焙烧效果,选择设定温度为 320 ℃±20 ℃。

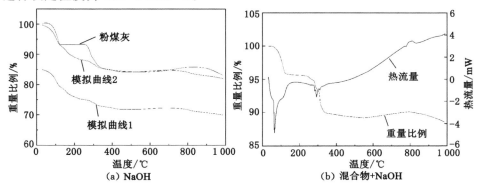

图 6-10　模型化合物混合物热重分析拟合曲线

通过上述热重和差热分析可以发现,莫来石、二氧化硅和氧化铁按一定比例构成的混合物能够明确代表粉煤灰与 NaOH 的反应,特别是能够代表粉煤灰焙烧反应过程中 NaOH 的用量,所以可以根据式(6-1)~式(6-5),确定 1 mol 的 Fe_2O_3 能够消耗掉 2 mol 的 NaOH,1 mol 的莫来石($3Al_2O_3 \cdot 2SiO_2$)能够消耗 6 mol 的 NaOH 同时生成 4 mol 的 $NaAlO_2$ 还能消耗 4 mol 的 SiO_2,1 mol 的 SiO_2 能够消耗掉 2 mol 的 NaOH。因此,对于 1 mol 的粉煤灰,需要的 NaOH 用量可以通过先求得单位质量混合物中三种模型化合物的摩尔数,而后根据化学反应中的各反应物质的量的比计算求得,详细过程如式(6-34)~式(6-39)所示。具体求得 1 g 的粉煤灰完全反应需要 0.65 g 的 NaOH。以该值作为 1 个单位的 NaOH 加药量开展后续试验,即 1 g 粉煤灰与 0.65 g NaOH 混合时加药量记为 1,作为理论上充分反应值。

$$n_1 = \frac{29.58\%}{40.63\% + 29.58\% + 14.98\%} \times \frac{1}{426} \tag{6-34}$$

$$n_2 = \frac{29.58\%}{40.63\% + 29.58\% + 14.98\%} \times \frac{1}{426} \times 4 \tag{6-35}$$

$$n_3 = \frac{40.63\%}{40.63\% + 29.58\% + 14.98\%} \times \frac{1}{60} - n_2 \tag{6-36}$$

$$n_4 = \frac{14.98\%}{40.63\% + 29.58\% + 14.98\%} \times \frac{1}{160} \tag{6-37}$$

$$n_5 = n_1 \times 6 + n_3 \times 2 + n_4 \times 2 \tag{6-38}$$

$$m = \frac{n_5 \times 40}{100\%} \times 1 \tag{6-39}$$

式中　n_1——单位质量粉煤灰模型中莫来石物质的量;

　　　n_2——单位质量粉煤灰模型中莫来石消耗二氧化硅的物质的量;

　　　n_3——单位质量粉煤灰模型中二氧化硅物质的量;

　　　n_4——单位质量粉煤灰模型中氧化铁的物质的量;

　　　n_5——单位质量粉煤灰模型消耗 NaOH 的物质的量;

　　　m——单位质量粉煤灰完全反应消耗 NaOH 的质量。

6.4.2　Optimal(custom)试验设计

Optimal(custom)是为了使估计值更具有优良性而提出来的,被广泛应用于矿业、药物开发中,带来了显著的经济效益。D-最优准则能够提高在设计空间上的预测行为,对于预测区间较小的模型能够获得更好更精确的结果,能够为过程表征和优化提供足够的信息[17-18]。它相比较其他设计准则具有很多优点:一是贴近研究实例,是生活中运用最多的准则;二是能够有效地减少试验(运行)次数,或者在同样试验次数时获得更好的预测结果;三是能够兼顾影响指标的定性和定量性质[19-20],因此,最终选择了 D-最优准则。

运用 Design Expert 10 软件，采用 D-Optimal（custom）试验设计方法对焙烧过程中的时间和添加剂药量两个影响指标与水洗中硅的脱除率、酸浸中稀土与铝的浸出率三个目标进行了试验设计，在试验设计时，分别填写时间和药剂量的最大和最小值，并且设可连续变量，消除人为误差，具体过程如图 6-11 所示。

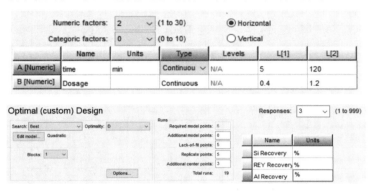

图 6-11　D-Optimal（custom）试验设计过程图

6.4.3　模型拟合与验证

根据 D-Optimal（custom）试验方案，得到的结果如表 6-3 所示，得到了硅脱除率、稀土浸出率和铝浸出率不同条件下的响应值；通过方差分析，计算得到硅脱除率、稀土浸出率和铝浸出率回归方程系数，分别如表 6-4、表 6-5 和表 6-6所示；通过拟合得到硅脱除率、稀土浸出率和铝浸出率响应值和试验因素的关系方程，分别见式（6-40）、式（6-41）和式（6-42）。

表 6-3　D-Optimal（custom）试验结果

编号	因素		响应值		
	焙烧时间/min	加药量	硅脱除率/%	稀土浸出率/%	铝浸出率/%
1	5	1.2	35.05	55.53	55.67
2	5	0.4	8.30	30.45	22.64
3	57.9	1.2	52.26	100.49	77.68
4	89.525	1.012	38.90	91.28	70.55
5	30.875	0.98	36.31	90.19	73.78
6	5	0.4	7.51	33.50	26.77
7	68.25	0.4	9.05	43.08	32.79
8	36.625	0.58	17.97	54.60	50.65

表 6-3(续)

编号	因素		响应值		
	焙烧时间/min	加药量	硅脱除率/%	稀土浸出率/%	铝浸出率/%
9	62.5	0.8	40.25	73.26	59.64
10	120	0.76	16.66	44.31	43.75
11	120	0.4	7.49	37.32	33.91
12	120	1.2	22.91	56.05	56.45
13	68.25	0.4	9.62	66.31	66.45
14	5	1.2	37.49	58.80	55.90
15	120	0.76	24.15	51.46	47.58
16	62.5	0.8	39.48	71.68	70.07
17	5	0.76	14.62	42.19	38.06
18	62.5	0.8	36.03	68.73	69.84
19	120	1.2	26.36	59.71	51.70

表 6-4 硅脱除率模型的方差分析

项目	系数	平方和	均方	F 值	P 值
模型(Reduced Cubic)	35.22	3 376.44	482.35	43.11	< 0.000 1
A(时间)	2.32	16.92	16.92	1.51	0.244 4
B(加药量)	21.57	1 481.90	1 481.90	132.45	< 0.000 1
AB	−2.56	43.98	43.98	3.93	0.072 9
A^2	−14.60	744.81	744.81	66.57	< 0.000 1
B^2	−2.65	24.37	24.37	2.18	0.168 0
A^2B	−9.95	199.30	199.30	17.81	0.001 4
AB^2	−5.55	61.74	61.74	5.52	0.038 6
残差		123.08	11.19		
失拟误差		75.47	18.87	2.77	0.113 2
纯误差		47.61	6.80		
总和		3 499.51			
标准偏差	3.34			R^2	0.964 8
平均值	25.28			校正 R^2	0.942 4
C. V. %	13.23			预测 R^2	0.763 2

注:$P < 0.000\ 1$ 为极显著,$P < 0.01$ 为非常显著,$P > 0.05$ 为非常不显著。

表 6-5 稀土浸出率模型的方差分析

项目	系数	平方和	均方	F 值	P 值
模型（Quadratic）	76.73	5 893.42	1 178.68	13.48	＞0.000 1
A（时间）	1.11	12.88	12.88	0.15	0.707 3
B（加药量）	16.43	2 813.81	2 813.81	32.18	＜0.000 1
AB	−0.75	3.95	3.95	0.045	0.834 9
A^2	−29.27	3 175.75	3 175.75	36.31	＜0.000 1
B^2	−1.41	7.27	7.27	0.083	0.777 6
残差		1 136.88	87.45		
失拟误差		814.08	135.68	2.94	0.092 0
纯误差		322.79	46.11		
总和		7 030.29			
标准偏差	9.35			R^2	0.838 3
平均值	59.42			校正 R^2	0.776 1
C. V. %	15.74			预测 R^2	0.672 0

注：$P<0.000\,1$ 为极显著，$P<0.01$ 为非常显著，$P>0.05$ 为非常不显著。

表 6-6 铝浸出率模型的方差分析

项目	系数	平方和	均方	F 值	P 值
模型（Quadratic）	67.39	4 145.68	829.14	14.24	＜0.000 1
A（时间）	1.79	33.18	33.18	0.57	0.463 8
B（加药量）	13.90	2 012.74	2 012.74	34.56	＜0.000 1
AB	−2.83	55.86	55.86	0.96	0.345 3
A^2	−22.43	1 865.80	1 865.80	32.04	＜0.000 1
B^2	−3.13	36.14	36.14	0.62	0.445 0
残差		757.01	58.23		
失拟误差		92.53	15.42	0.16	0.979 2
纯误差		664.49	94.93		
总和		4 902.69			
标准偏差	7.63			R^2	0.845 6
平均值	52.84			校正 R^2	0.786 2
C. V. %	14.44			预测 R^2	0.690 0

注：$P<0.000\,1$ 为极显著，$P<0.01$ 为非常显著，$P>0.05$ 为非常不显著。

由三个方差分析表可知,不同响应值对应的模型分别是硅脱除率、稀土浸出率和铝浸出率,均为极显著($P < 0.000\ 1$),相关系数分别达到 0.964 8(硅)、0.838 3(稀土)和 0.845 6(铝),失拟检验均为不显著(0.113 2、0.092 0 和 0.979 2,均大于 0.05),表面回归方程与试验结果相符,因此,所获得的拟合模型式(6-40)、式(6-41)和式(6-42)能够代表响应值与焙烧时间和加药量因素的关系。并且能够发现加药量(B 和 B^2)对硅、稀土和铝的浸出效果影响显著,焙烧时间的影响相对较弱。

$$R_{Si} = 35.22 + 2.32A + 21.57B - 2.56AB - 14.60\ A^2 - 2.65\ B^2 -$$
$$9.95\ A^2 B - 5.55A\ B^2 \tag{6-40}$$

$$R_{REY} = 76.73 + 1.11A + 16.43B - 0.75AB - 29.27\ A^2 - 1.41\ B^2 \tag{6-41}$$

$$R_{Al} = 67.39 + 1.79A + 13.90B - 2.83AB - 22.43\ A^2 - 3.13\ B^2 \tag{6-42}$$

式中　R_{Si} ——水洗过程中硅脱除率;

　　　R_{REY} ——酸浸过程中稀土浸出率;

　　　R_{Al} ——酸浸过程中铝浸出率;

　　　A ——焙烧时间,min;

　　　B ——加药量,无量纲,1 个单位代表 1 g 粉煤灰和 0.65 g NaOH。

为了进一步检验试验数据拟合得到的三个模型准确性,对误差进行了分析,具体结果如图 6-12、图 6-13 和图 6-14 所示。由三图可以发现相似的规律:(a)图中的残值都紧靠在直线上或两侧,呈现出正态分布,说明了所建立的模型可信;在图(b)和(c)中发现,无论是按照预测值还是观察顺序排列,残差值均呈现随机分布在过零的直线上下,并没有明显的变化趋势,说明试验结果满足模型的各种假设条件;图(d)说明了真实值与预测值具有较高的契合度,证明了所获得的模型的模拟效果较好[20]。但是,三者之间又略有不同,通过三者的图(d)可以发现,硅元素的预测值和真实值直线的拟合效果最好,这与表 6-4、表 6-5 和表 6-6 中硅浸出率模型中 R^2 最接近于 1 相一致。上述结果说明可以用所得的模型对该试验进行分析预测。

6.4.4　响应面分析

响应曲面图可以更直观地分析加药量与焙烧时间这两个因素对硅脱除率、稀土浸出率和铝浸出率的交互影响,明确两因素影响能力的强弱关系,对指导后续条件的优化具有重要意义,对应的曲面图见图 6-15～图 6-17。图 6-15 是焙烧时间和 NaOH 加药量对硅脱除率的影响曲面图,由图可见,曲面随着 NaOH 加

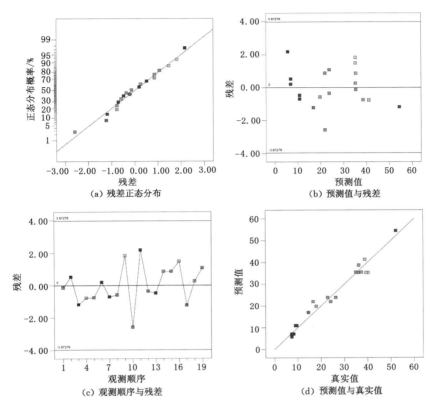

（a）残差正态分布 （b）预测值与残差

（c）观测顺序与残差 （d）预测值与真实值

图 6-12 硅脱除率方程检验结果

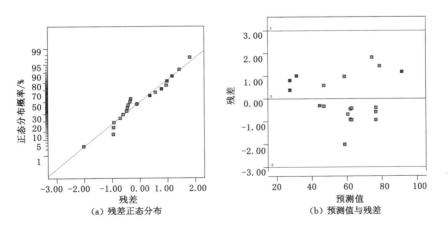

（a）残差正态分布 （b）预测值与残差

图 6-13 稀土浸出率方程检验结果

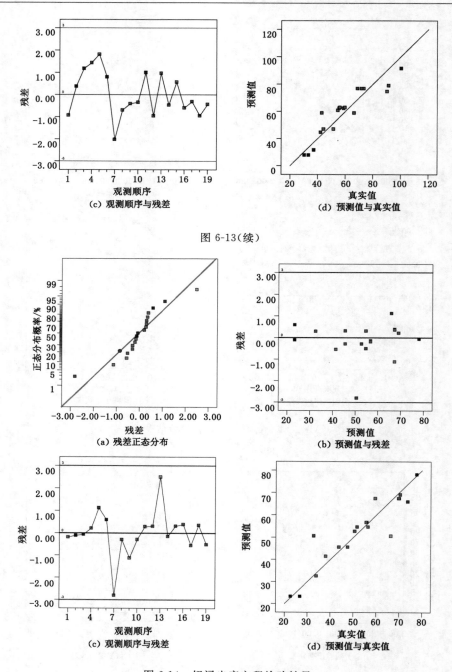

（c）观测顺序与残差

（d）预测值与真实值

图 6-13（续）

（a）残差正态分布

（b）预测值与残差

（c）观测顺序与残差

（d）预测值与真实值

图 6-14　铝浸出率方程检验结果

药量的增加而提高,硅脱除率随着焙烧时间的延长,先增加后减小,加药量越多,该规律越明显。当焙烧时间为 50～70 min,加药量为大于 1.15 时,水洗过程中硅的脱除率可以超过 50%。上述试验结果表明,焙烧时间太长也不利于硅的浸出,在合适的时间内,保证 NaOH 用量,才能实现硅的有效脱除。

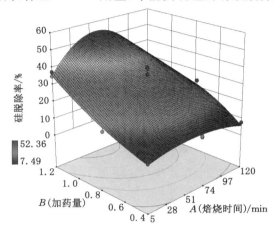

图 6-15　焙烧时间和 NaOH 加药量对硅脱除率的影响曲面图

从图 6-16 可以发现焙烧时间和 NaOH 加药量与稀土的浸出率呈抛物面关系,整个曲面呈现左高右低的拱形,与硅脱除率的曲面相似,随着 NaOH 加药量的增加而提高,随着焙烧时间的延长而先增加后减小,整个曲面的最高点也是在焙烧时间为 50～70 min、加药量大于 1.15 时出现。但是明显地可以发现,有几个数据点与整个曲面偏离程度较大,这很有可能是因为稀土元素含量过低及多

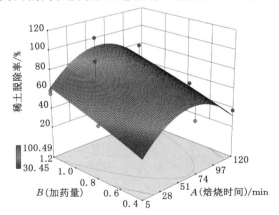

图 6-16　焙烧时间和 NaOH 加药量对稀土浸出率的影响曲面图

种稀土元素浸出差异。总的来说，NaOH 的药剂用量主导着整个稀土元素的浸出率。

从图 6-17 可以发现焙烧时间和 NaOH 加药量与铝的浸出率也呈现抛物面关系，焙烧时间和加药量对铝的浸出规律和硅脱除率及稀土浸出率的规律相似，但此时整个曲面变缓，"斜度"减小，焙烧时间为 50～70 min，NaOH 加药量为大于 0.9 时，就进入了红色区域，即最高铝回收率的区域。

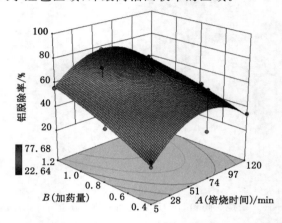

图 6-17　焙烧时间和 NaOH 加药量对铝浸出率的影响曲面图

6.4.5　工艺参数优化

为了进一步确定最佳的联合工艺参数，对三个模型进行了优化，以获得最大稀土浸出率为主要目标，保证硅脱除率大于 53%、铝的浸出率大于 77%，得到了 19 组优化方案，见表 6-7。由表 6-7 可知，焙烧时间约在 60 min、加药量在 1.2 的条件下，可以实现稀土浸出率 90.87%～91.74%，各优化参数趋于稳定。

表 6-7　预测的优化方案

编号	因素		预测值		
	焙烧时间/min	加药量	硅脱除率/%	稀土浸出率/%	铝浸出率/%
1	66.52	1.20	53.60	91.63	77.96
2	59.25	1.19	54.11	91.42	78.01
3	65.81	1.19	53.28	91.28	77.80
4	65.75	1.19	53.48	91.46	77.90
5	62.68	1.19	53.82	91.50	78.01
6	53.34	1.20	54.33	90.87	77.70

表 6-7(续)

编号	因素		预测值		
	焙烧时间/min	加药量	硅脱除率/%	稀土浸出率/%	铝浸出率/%
7	58.32	1.19	53.82	91.09	77.83
8	60.06	1.18	53.58	91.07	77.80
9	63.94	1.20	53.98	91.74	78.11
10	64.41	1.19	53.32	91.22	77.80
11	57.90	1.20	54.45	91.54	78.09
12	63.47	1.18	53.34	91.16	77.79
13	64.71	1.19	53.58	91.46	77.93
14	68.70	1.20	53.19	91.42	77.76
15	59.95	1.20	54.28	91.63	78.13
16	61.92	1.18	53.30	91.01	77.74
17	58.12	1.18	53.65	90.93	77.74
18	60.91	1.19	54.01	91.50	78.04
19	58.54	1.18	53.54	90.89	77.71

综合上述试验分析结果,得出的优选条件为焙烧温度为 320 ℃±20 ℃、焙烧时间为 60 min、NaOH 加药量为 1.2。根据该方案进行重复试验,得到硅脱除率 50%±4%、稀土浸出率 88%±3%和铝浸出率 70%±3%的结果,符合预期效果。

6.5 水洗过程优化试验

水洗过程的主要目的是去除未反应的添加剂和生成的可溶性产品,以减少后续酸浸过程中酸的使用量,同时可以提高浸出效率。在使用 NaOH 为添加剂时,水洗过程的主要作用体现在对生成的 Na_2SiO_3 的去除上,由此以水洗硅脱除率为指标,分别考察了清洗温度、固液比和浸出时间对水洗效果的影响。具体试验过程为:取 2 g 粉煤灰按 1.2 加药量与 NaOH 混合在刚玉坩埚中,而后在 320 ℃±20 ℃的条件下,焙烧 60 min,而后在浸出时间为 2 h 条件下,分别对 5 个温度(30 ℃、45 ℃、60 ℃、75 ℃、90 ℃)和 3 个固液比(以初始粉煤灰为固体值,1∶5、1∶10 和 1∶50)进行条件试验。待获得合适温度和固液比后,对浸出时间进行了研究:使用 1 000 mL 三颈圆底烧瓶(见图 6-18),按要求加入固体和液体样品,调浆搅拌 30 s 后,开始计时,分别在 1 min,2 min,3 min,5 min,10 min,20 min,30 min,60 min,120 min,240 min 时,取出 5 mL 的溶液,通过孔径为 45 μm 的滤膜,进行固液分离,经过烘干消解后,对滤液和滤饼进行 ICP-AES 和 ICP-MS 测试元素含量。对于有较好试验结果的数据进行了重复试验,并通过标准偏差作为试验数据的误差。硅回收率用下式计算:

$$R_{Si} = \frac{C_i V_i}{C_f \times (5/1\,000) \times m_f} \quad (6\text{-}43)$$

式中　R_{Si} ——硅脱除率;

　　　C_i ——第 i 次取样过滤滤液中硅元素含量,μg/g;

　　　V_i ——第 i 次取样过滤滤液的体积,mL;

　　　C_f ——原始粉煤灰中硅元素含量,μg/g;

　　　m_f ——原始粉煤灰的质量,g。

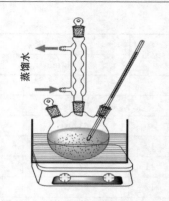

图 6-18　浸出时间对浸出效果影响研究装置原理图[21]

水洗过程中硅脱除率与温度和固液比的关系如图 6-19 所示。由图 6-19 可知,温度对硅的脱除具有较大的影响,随着温度的增加,硅的浸出率先增加后减小,在 60 ℃时,硅的浸出率能够在 60％左右,其余温度下,硅的浸出率在 40％～55％不等。究其原因是在较低温度下,随着温度的升高,Na_2SiO_3 的溶出逐渐增多,同时随着温度升高,溶解持续进行,进入溶液中的 Al 与 Na_2SiO_3 结合生成沸石的概率提高,如式(6-2)和式(6-3)所示,会导致溶液中硅的含量降低。相比较温度而言,固液比对硅的浸出率的影响较弱,在同一温度下,不同固液比的硅脱除率相近,特别是在 60 ℃及更高温度条件下,固液比 1:5 时能够实现硅的有效

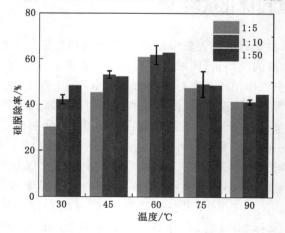

图 6-19　水洗过程中硅脱除率和温度与固液比的关系

浸出,也就是说实际操作中基本可以忽略固液比对硅脱除率的影响。考虑到实验室中采取磁力搅拌的方式,1∶5 的固液比由于固体比较多,搅拌效果不佳,特选定 1∶10 为后续试验的固液比。

在温度为 60 ℃、固液比为 1∶10 的条件下,水洗过程中硅脱除率和时间的关系如图 6-20 所示。由图可以发现硅的浸出速率很快,1 min 就可以达到 50%,这可能跟计时开始前 30 s 的搅拌调浆有关系,此时的硅已经开始溶出, Na_2SiO_3 溶解速度并不慢;在 5~10 min 时,硅脱除率达到了最大值,超过 70%;之后硅的脱除率逐渐下降,在 120 min 之后降低到 55% 左右。这说明了水洗 10 min 之后,溶液中的 $[SiO_3]^{2-}$ 和 $[Al(OH)_4]^-$ 发生反应,生成了铝硅沸石相,降低了硅脱除率。相对于 5.3 节中用 NaOH 溶液处理粉煤灰的效果,焙烧对粉煤灰的破坏更为彻底,生产沸石相的温度和时间条件相对降低。由此可以将水洗过程时间定在 5~10 min,鉴于计时前有 30 s 的搅拌,为了保证硅的脱除效果,将水洗时间定为 10 min。

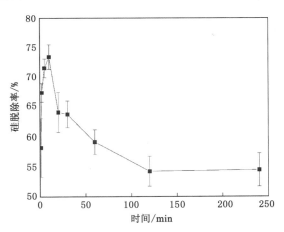

图 6-20　水洗过程中硅脱除率和时间的关系

6.6　酸浸过程优化试验

6.6.1　Box-Behnken 试验设计

运用 Design Expert 10 软件,采用 Box-Behnken 试验设计方法探究酸浸中的温度、固液比和盐酸浓度对稀土浸出的影响,得到最佳的工艺参数。设计方案详细内容见表 6-8。响应值为稀土的浸出率,因素分别为温度、固液比和盐酸浓

度,−1、0 和 1 分别表示三个因素的三个水平(低、中和高)。焙烧和水洗的条件
分别按照上述两小节中的最佳条件,分别是焙烧温度 320 ℃±20 ℃,时间为
1 h,NaOH 加药量为 1.2;水洗温度为 60 ℃,固液比为 1∶10,时间为 10 min。

表 6-8　Box-Behnken 试验设计

因素	水平		
	−1	0	1
温度/℃	25	50	75
固液比	1∶10	1∶30	1∶50
盐酸浓度/(mol/L)	0.5	3.25	6

6.6.2　模型拟合与验证

根据 Box-Behnken 试验方案,得到的结果如表 6-9 所示,得到了不同温度、
固液比和盐酸浓度条件下的响应值——稀土浸出率。在表 6-9 中也分别列出了
轻重稀土各自的浸出率,能够明显地发现,粉煤灰中轻稀土的浸出率明显高于重
稀土的浸出率,同样的结果也在许多研究[22-24]中见到,但是其作用机理尚未明
确。对稀土浸出率进行方差分析,计算得到回归方程系数,如表 6-10 所示。通
过拟合得到响应值和试验因素的关系方程(6-44)。

表 6-9　Box-Behnken 试验结果

编号	因素			浸出率/%		
	温度/℃	固液比	浓度/(mol/L)	总稀土	轻稀土	重稀土
1	75	1∶30	6	76.46	87.96	42.89
2	25	1∶30	6	56.88	65.55	31.57
3	50	1∶50	6	68.80	79.13	38.65
4	50	1∶30	3.25	51.12	58.93	28.34
5	75	1∶30	0.5	77.88	89.45	44.08
6	50	1∶30	3.25	44.61	51.43	24.7
7	25	1∶30	0.5	32.53	37.11	19.19
8	50	1∶30	3.25	50.98	58.87	27.94
9	50	1∶10	0.5	19.17	22.06	10.71
10	50	1∶50	0.5	67.22	77.40	37.46
11	50	1∶30	3.25	55.63	64.17	30.67

表 6-9(续)

编号	因素			浸出率/%		
	温度/ ℃	固液比	浓度/(mol/L)	总稀土	轻稀土	重稀土
12	75	1：10	3.25	67.11	77.65	36.33
13	50	1：30	3.25	53.47	61.62	29.68
14	75	1：50	3.25	87.52	101.07	47.93
15	50	1：10	6	52.51	60.45	29.31
16	25	1：10	3.25	37.36	43.09	20.61
17	25	1：50	3.25	57.86	66.68	32.08

$$R_{REE} = 51.16 + 15.54A + 13.16B + 7.23C - 0.023AB - 6.44AC -$$
$$7.94BC + 10.16 A^2 + 1.14 B^2 - 0.38C^2 \quad\quad (6\text{-}44)$$

式中　R_{REE}——酸浸过程中稀土浸出率；

　　　A——浸出温度，℃；

　　　B——固液比，无量纲；

　　　C——盐酸浓度，mol/L。

由模型方差分析表 6-10 可知，稀土浸出率与三个因素的关系为非常显著（$P < 0.000\,1$），相关系数达到 0.966 7，校正相关系数为 0.923 8，失拟检验为不显著（$0.292\,0 > 0.05$）。这表明回归方程符合试验结果，因此，所获得的拟合模型即式(6-44)能够代表稀土浸出率与温度、固液比和盐酸浓度的关系。同时发现浸出温度对稀土浸出的影响要强于其他二者，盐酸浓度对稀土浸出率的影响最小。

表 6-10　稀土浸出率模型的方差分析

项目	系数	平方和	均方	F 值	P 值
模型（Quadratic）	51.16	4 600.21	511.13	22.55	0.000 2
A（温度）	15.54	1 932.55	1 932.55	85.27	$<0.000\,1$
B（固液比）	13.16	1 384.69	1 384.69	61.09	0.000 1
C（浓度）	7.23	418.51	418.51	18.46	0.003 6
AB	−0.023	0.000 2	0.000 2	0.000 01	0.992 4
AC	−6.44	165.95	165.95	7.32	0.030 4
BC	−7.94	252.04	252.04	11.12	0.012 5

表 6-10（续）

项目	系数	平方和	均方	F 值	P 值
A^2	10.16	434.38	434.38	19.17	0.0032
B^2	1.14	5.47	5.47	0.24	0.638 2
C^2	−0.38	0.61	0.61	0.027	0.874 4
残差		158.66	22.67		
失拟误差		90.44	30.15	1.77	0.292 0
纯误差		68.21	17.05		
总和		4 758.86	511.13		
标准偏差	4.76			R^2	0.966 7
平均值	56.30			校正 R^2	0.923 8
C. V. %	8.46			预测 R^2	0.673 5

注：$P < 0.000\ 1$ 为极显著，$P < 0.01$ 为非常显著，$P > 0.05$ 为非常不显著。

为了进一步检验试验数据拟合得到的模型准确性，对误差进行了分析，具体结果如图 6-21 所示：在（a）图中的残差值呈正态分布，紧密地分布在直线两侧，证明所建立的模型可信；在图（b）和（c）中的残差值均在过零的直线两侧随机分布，证明了该模型的各种假设条件均得到满足；图（d）中真实值与预测值几乎重合在一条直线上，说明了二者较高的契合度，证明了所获得的模型的模拟效果较好。上述结果表明所得的模型与试验结果相吻合，能够进行酸浸工艺参数预测。

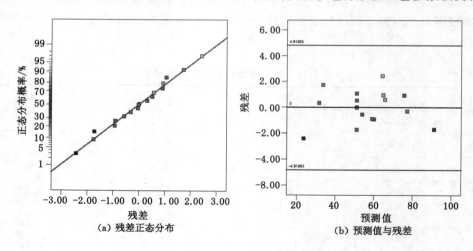

图 6-21　稀土浸出率方程检验结果

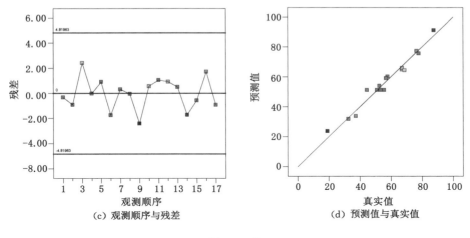

（c）观测顺序与残差　　　　　　　（d）预测值与真实值

图 6-21（续）

6.6.3　响应面分析

响应曲面图可以进一步明晰不同因素对稀土浸出率的影响，也能够更直观地分析每两个因素对稀土浸出率的交互影响，从而确定三因素对响应值影响能力的高低关系，对后续条件的选择具有重要指定意义。图 6-22 表示的是浸出温度和固液比与稀土浸出率的影响曲面图。当盐酸浓度为 3.25 mol/L 时，浸出温度和固液比呈现略微下凹的倾斜平面关系；盐酸浓度越小，倾斜程度越大，浓度越大，倾斜程度越小。在固液比和温度均接近最大值时，稀土元素的浸出率能够获得最高值，约为 90%。上述分析可知，浸出温度和固液比对稀土浸出率均有显著影响。

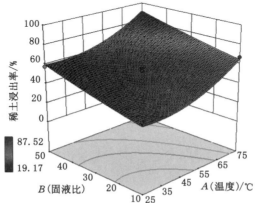

图 6-22　浸出温度和固液比对稀土浸出率的影响曲面图

图 6-23 是浸出温度和盐酸浓度与稀土浸出率的交互影响曲面图。固液比不同时,曲面图有较大的区别。在固液比为 1∶10 时,浸出温度和盐酸浓度呈现略微下凹的倾斜平面关系,温度越高,盐酸浓度越大,最高值在温度为 75 ℃、盐酸浓度为 6 mol/L 时,稀土浸出率为 72％,如图 6-13(a)所示。当固液比为 1∶50 时,浸出温度和盐酸浓度也呈现略微下凹的倾斜平面关系,但此时的最高值出现在温度为 75 ℃、盐酸浓度为 6 mol/L 时,稀土浸出率接近 100％,如图 6-23(b)所示。二者的差异可能是在固液比为 1∶10 时,0.5 mol/L 的盐酸溶液与 6 mol/L 的相比不能够提供足够的 H⁺ 促使更多的稀土元素的浸出;而在固液比 1∶50 时,虽然 6 mol/L 的盐酸溶液能够提供足够多的 H^+ 与粉煤灰反应,但 6 mol/L 盐酸溶液中溶解了过多的硅酸,受硅酸胶体的影响,浸出液流动性大大下降,稀土元素被胶体大量包裹,在固液分离中十分困难,造成其稀土浸出率反而较低。

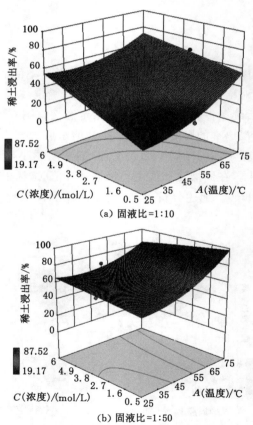

图 6-23　浸出温度和盐酸浓度与稀土浸出率交互影响曲面图

图 6-24 是固液比和盐酸浓度与稀土浸出率的交互影响曲面图。其关系曲线图与图 6-23 中相似,其形成原因也类似。温度不同时,整个曲面图有较大的区别:温度为 25 ℃时,浓度越高和固液比越大,稀土浸出率越高,但整个稀土元素浸出率较低;温度为 75 ℃时,稀土浸出率普遍较高,最高点出现在固液比为 1∶50、盐酸浓度为 0.5 mol/L 处。

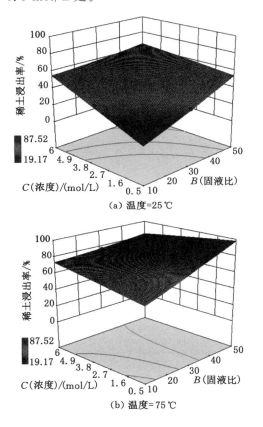

图 6-24　浸出盐酸浓度和固液比对稀土浸出率交互影响曲面图

6.6.4　工艺参数优化

为了进一步确定最佳的联合工艺参数,对稀土浸出率模型进行了优化,以获得 95% 及以上稀土浸出率为目标,得到了 17 组优化方案,见表 6-11。由表 6-11 可知,在优选的条件下,稀土浸出率在 95.02% ~ 97.90%,因此选定浸出温度为 75 ℃、固液比为 1∶50、盐酸浓度为 0.5 mol/L 进行重复试验,发现稀土元素浸出率在 91% ± 3%,略低于预测值。究其原因,除 ICP-MS 测试的系统误差外,重稀土元素的浸出率低于轻稀土的浸出率是一个更重要的原因。

表 6-11 预测的优化方案

编号	因素			稀土浸出率/%
	温度/℃	固液比	浓度/(mol/L)	
1	75.00	1∶50.00	0.50	97.90
2	75.00	1∶49.99	0.50	97.88
3	75.00	1∶50.00	0.56	97.75
4	75.00	1∶49.83	0.50	97.70
5	74.76	1∶50.00	0.50	97.49
6	74.58	1∶50.00	0.50	97.19
7	74.33	1∶50.00	0.50	96.78
8	74.92	1∶49.13	0.50	96.76
9	74.02	1∶50.00	0.50	96.26
10	75.00	1∶49.93	1.20	96.17
11	73.87	1∶49.75	0.50	95.71
12	74.99	1∶47.94	0.50	95.49
13	75.00	1∶50.00	1.55	95.42
14	73.27	1∶50.00	0.50	95.02
15	75.00	1∶50.00	0.50	97.90
16	75.00	1∶49.99	0.50	97.88
17	75.00	1∶50.00	0.56	97.75

6.6.5 浸出时间对稀土浸出率的影响

浸出时间是影响浸出效果的重要因素,对于浸出工艺的经济性具有重要参考价值,因此,对于酸浸提取稀土的过程进行浸出时间研究,具体操作方法详见 6.5 节中水洗时间对硅脱除率的影响试验,其余浸出条件为温度 75 ℃、固液比 1∶50、盐酸浓度为 0.5 mol/L。将浸出结果绘于图 6-25 中,由图可以清楚地发现稀土浸出率受时间影响不大,在 2 min 之后稀土浸出率几乎一致,均在 90% 左右。鉴于计时开始前的 30 s 搅拌调浆,可以认为 3 min 是酸浸的最佳时间。

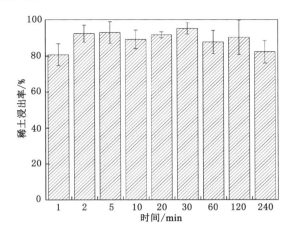

图 6-25　浸出时间对稀土元素浸出率的影响图

6.7　本章小结

本章围绕着稀土元素被玻璃相包裹而难以浸出的难题，采用了焙烧打破玻璃相对稀土元素的包裹，水洗去除多余添加剂及可溶性焙烧产物，最后酸浸回收稀土元素的方法，对整个工艺机理进行研究和参数优化，主要获得以下几点结论：

（1）对粉煤灰主要成分莫来石、石英（SiO_2 玻璃相）和氧化铁与多种添加剂可能的化学反应进行了热力学分析，获得了各个反应自发进行时的温度，其中，NaOH 与粉煤灰的反应在常温下能够进行，Na_2CO_3 与粉煤灰的反应均超过 400 ℃ 才能进行。对各添加剂与粉煤灰焙烧产物的 XRD 分析，也证实了所列反应。

（2）在水浸过程中，NaOH 焙烧产物能够有较好的脱硅效果，Na_2CO_3 次之，其余添加剂效果并不理想，能够反映焙烧过程中对玻璃相的破坏程度，这能够很好地验证焙烧过程中发生的反应。对于每一种添加剂，焙烧温度为各自的熔点温度时，均能够取得各自最佳浸出效果，说明了除 ΔG 为零的温度外，熔点温度对焙烧结果具有重要影响。同时，水浸过程中硅的优先溶解，为粉煤灰中硅的利用提供了思路。

（3）酸浸结果表明了 NaOH、Na_2CO_3 以及 $CaCl_2$ 都能获得较高的稀土回收率。NaOH 的稀土浸出率大约在 80% 左右，而且焙烧温度较低，温度对浸出效果影响较小。Na_2CO_3 和 $CaCl_2$ 焙烧产物中的稀土浸出率均随着温度的升高而增加,并且在各自的熔点温度处获得浸出率最高值,分别为 90％和 75％。CaCl₂焙烧中 HCl 的产生可能会对人和环境造成危害。以 NaOH 和 Na₂CO₃为焙烧添加剂,发现焙烧产物均为 Ns₂SiO₃和 NaAlSiO₄,经过水洗后只剩余NaAlSiO₄,酸浸残渣中主要以 NaCl 和硅酸胶体受热分解的二氧化硅为主。

(4)选用二氧化硅、莫来石和氧化铁粉末作为粉煤灰模型化合物,根据粉煤灰中 SiO₂、Al₂O₃和 Fe₂O₃的含量,计算粉煤灰与 NaOH 反应完全所需的理论加药量,并通过热重曲线验证拟合效果,当粉煤灰仅有这三种物质组成时,热重曲线拟合效果最好。通过 Optimal(custom)试验设计进行响应面分析,获得加药量与时间的关系,认为适当的焙烧时间(1 h)和充足的加药量(1～1.2)能够获得较高的水浸硅脱除率、稀土浸出率及铝浸出率。

(5)分别考察了水洗过程中固液比、温度和时间对硅脱除的效果:由于添加剂和生成产物较好的溶解性,固液比几乎对硅的脱除没有影响;温度提高有利于硅的溶出,但要避免温度过高,造成沸石等铝硅酸盐聚合物生成,60 ℃为宜;整个水洗过程很快,5 min 之内可以达到最大浸出率。

(6)设计了 Box-Behnken 试验方案,对盐酸浓度、固液比和温度对稀土浸出率的影响进行了响应面分析,确定了稀土浸出的最佳条件,发现温度对稀土浸出效果具有显著影响,固液比和盐酸浓度二者之间具有明显的交互作用,主要体现在酸浸过程中生成的硅酸胶体浓度对稀土分离的影响。另外发现酸浸时间对稀土浸出效果影响不大,可能是焙烧过程对玻璃相结构破坏彻底,使得稀土的浸出快速发生。酸浸反应的最佳条件:温度为 75 ℃、固液比为 1∶50、盐酸浓度为0.5 mol/L、浸出时间为 3 min,获得稀土浸出率在 80％～100％。最终建立了焙烧-水洗-酸浸的联合工艺回收粉煤灰中稀土元素。

参考文献

[1] CAO S S, ZHOU C C, PAN J H, et al. Study on influence factors of leaching of rare earth elements from coal fly ash[J]. Energy & Fuels, 2018,32(7):8000-8005.

[2] 胡明盛. 铝与铜盐溶液反应的研究和建议[J]. 化学教育,2006,27(8):53-55.

[3] VALEEV D, KUNILOVA I, SHOPPERT A, et al. High-pressure HCl leaching of coal ash to extract Al into a chloride solution with further use as a coagulant for water treatment[J]. Journal of Cleaner Production, 2020,276:123206.

[4] LEI X F, QI G X, SUN Y L, et al. Removal of uranium and gross radioactivity from coal bottom ash by $CaCl_2$ roasting followed by HNO_3 leaching[J]. Journal of Hazardous Materials, 2014, 276:346-352.

[5] DONG Y B, LIN H, LIU Y, et al. Blank roasting and bioleaching of stone coal for vanadium recycling [J]. Journal of Cleaner Production, 2020, 243:118625.

[6] NARAYANAN R P, KAZANTZIS N K, EMMERT M H. Selective process steps for the recovery of scandium from Jamaican bauxite residue (red mud)[J]. ACS Sustainable Chemistry & Engineering, 2018, 6(1): 1478-1488.

[7] WU S X, WANG L S, ZHAO L S, et al. Recovery of rare earth elements from phosphate rock by hydrometallurgical processes: a critical review[J]. Chemical Engineering Journal, 2018, 335:774-800.

[8] YANG Z, LI Y L, LOU Q S, et al. Release of uranium and other trace elements from coal ash by $(NH_4)_2SO_4$ activation of amorphous phase[J]. Fuel, 2019, 239:774-785.

[9] SUN Z H, LI H Q, BAO W J, et al. Mineral phase transition of desilicated high alumina fly ash with alumina extraction in mixed alkali solution[J]. International Journal of Mineral Processing, 2016, 153:109-117.

[10] GIERGICZNY Z. Effect of some additives on the reactions in fly ASH-Ca(OH)$_2$ system[J]. Journal of Thermal Analysis and Calorimetry, 2004, 76(3):747-754.

[11] SUN Y L, LIANG Z K, SUN F Y. Recovery of alumina from coal fly ash by $CaCl_2$ calcination followed by H_2SO_4 leaching [J]. Journal of Environmental & Analytical Toxicology, 2017, 7(1):100427.

[12] SUN Y S, ZHU X R, HAN Y X, et al. Green magnetization roasting technology for refractory iron ore using siderite as a reductant[J]. Journal of Cleaner Production, 2019, 206:40-50.

[13] ILYAS S, SRIVASTAVA R R, KIM H, et al. Extraction of nickel and cobalt from a laterite ore using the carbothermic reduction roasting-ammoniacal leaching process[J]. Separation and Purification Technology, 2020, 232:115971.

[14] 梁振凯, 雷雪飞, 孙应龙, 等. 氯化钙焙烧法提取粉煤灰中的氧化铝[J]. 中国环境科学, 2013, 33(9):1601-1606.

[15] TAGGART R K, HOWER J C, HSU-KIM H. Effects of roasting additives and leaching parameters on the extraction of rare earth elements from coal fly ash[J]. International Journal of Coal Geology, 2018, 196: 106-114.

[16] ZENG Y, ZHANG Y, LI Z B, et al. Measurement and chemical modeling of the solubility of $Na_2SiO_3 \cdot 9H_2O$ and Na_2SiO_3 in concentrated NaOH solution from 288 to 353 K[J]. Industrial & Engineering Chemistry Research, 2014, 53(23): 9949-9958.

[17] AHMED W, JACKSON M J. Emerging nanotechnologies for manufacturing [M]. Oxford: William Andrew, 2009.

[18] HINKELMANN K, KEMPTHORNE O. Design and analysis of experiments [M]. Second Edition. Hoboken: John Wiley & Sons, Inc. , 2007.

[19] MOHAMED O A, MASOOD S H, BHOWMIK J L. Characterization and dynamic mechanical analysis of PC-ABS material processed by fused deposition modelling: an investigation through I-optimal response surface methodology[J]. Measurement, 2017, 107: 128-141.

[20] ÖZDEMIR A, TURKOZ M. Development of a D-optimal design-based 0-1 mixed-integer nonlinear robust parameter design optimization model for finding optimum design factor level settings[J]. Computers & Industrial Engineering, 2020, 149: 106742.

[21] ZHANG W C, HONAKER R. Characterization and recovery of rare earth elements and other critical metals (Co, Cr, Li, Mn, Sr, and V) from the calcination products of a coal refuse sample[J]. Fuel, 2020, 267: 117236.

[22] ZHANG W C, HONAKER R. Enhanced leachability of rare earth elements from calcined products of bituminous coals [J]. Minerals Engineering, 2019, 142: 105935.

[23] ZHANG W C, NOBLE A. Mineralogy characterization and recovery of rare earth elements from the roof and floor materials of the Guxu Coalfield[J]. Fuel, 2020, 270: 117533.

[24] JI B, QI L, ZHANG W C. Leaching recovery of rare earth elements from calcination product of a coal coarse refuse using organic acids[J]. Journal of Rare Earths, 2020, 40(2): 318-327.